VOYAGE

DANS

LA VIEILLE FRANCE

VOYAGE

DANS LA

VIEILLE FRANCE

AVEC UNE EXCURSION
EN ANGLETERRE, EN BELGIQUE, EN HOLLANDE,
EN SUISSE ET EN SAVOIE,

PAR

JODOCUS SINCERUS

Ecrivain allemand du XVIIe siècle,

TRADUIT DU LATIN

PAR

THALÈS BERNARD.

Bibliothécaire de l'*Union des Poètes*, membre de la Société
littéraire de Lyon, etc.

Ouvrage publié dans la *France littéraire*, de Lyon.

PARIS.

DENTU,
Palais-Royal, galerie vitrée, 13.

VANIER,
Libraire de l'*Union des Poètes*,
Rue Buffault, 18.

LYON.

LIBRAIRIE NOUVELLE,
Rue Impériale, 26.

METON,
Rue d'Egypte, 1.

1859.

HOMMAGE

A LA

SOCIÉTÉ LITTÉRAIRE

DE

LYON.

VOYAGE

DANS LA VIEILLE FRANCE,

AVEC UNE EXCURSION

EN ANGLETERRE, EN BELGIQUE, EN HOLLANDE, EN SUISSE ET EN SAVOIE.

PRÉFACE DU TRADUCTEUR.

Aujourd'hui que tout le monde voyage, les itinéraires sont devenus de sèches nomenclatures qui n'intéressent que le touriste lui-même, lorsqu'il veut connaître l'âge d'un monument ou les meilleurs hôtels d'une grande cité. Il n'en était pas ainsi autrefois. Les itinéraires rédigés pour une classe de voyageurs choisis devaient leur présenter des renseignements d'une nature particulière, ce qui leur donne un grand attrait à nos yeux. Il règne d'ailleurs dans ceux du 16ᵉ siècle un ton de naïveté bien fait pour nous charmer, quand même ils n'auraient pas une valeur historique. On sortait à peine du moyen-âge ; les routes étaient peu sûres encore, les communications mal établies, les moyens de transport incommodes ; de là ce caractère confidentiel des vieux itinéraires qui parlent avec le voyageur comme avec un ami pour l'avertir des piéges auxquels il pourrait succomber. Ce n'est pas cependant que la politesse soit la qualité saillante des écrivains de cette époque; ils se ressentent encore de la grossièreté de leurs aïeux dans les jugements qu'ils portent sur les mœurs des nations. Un certain Jean Boëmus, originaire d'Allemagne, et auteur d'une sorte d'encyclopédie latine, publiée au 16.me siècle, nous semble avoir été un peu loin dans sa manière d'apprécier ses compatriotes :

« Il est proverbial, dit-il, que la Souabe suffit pour fournir toute l'Allemagne de femmes publiques ; la Franconie, de mendiants ; la Bohême, d'hérétiques; la Bavière, de voleurs; l'Helvétie, de pendards et d'infames ; la Saxe, d'ivrognes ; la Frise et la Westphalie, de parjures ; les Provinces Rhénanes, de goinfres (1). »

« Non, s'écrie-t-il dans un autre endroit, il est impossible de faire comprendre ce que les Saxons avalent de boisson ; le vin est trop cher parmi eux pour qu'ils en fassent usage ; mais ils le remplacent par la bière, et, dans les festins, les échansons jugeant qu'il n'en tiendrait pas assez dans les bouteilles et les cruches, en remplissent des terrines et y plongeant des écuelles, invitent chacun à s'abreu-

---

(1) *Mores, leges et ritus omnium gentium*, per Joannem Boemum. Lyon, 1586, page 278.

ver : un cochon, un taureau ne boirait pas autant (1). »

Tout malhonnête qu'est cet auteur envers les Allemands, il se montre plus poli pour les Français et se contente de déplorer qu'un incroyable engoûment porte l'Italie et l'Allemagne à subir l'influence de la vieille Gaule et surtout, à adopter les vêtements français (2). Si le célèbre Barclay écrit dans un latin plus élégant, il est loin d'être aussi bienveillant pour nous que Jean Boëmus. Dans son livre intitulé *de Icone animorum*, il esquisse avec finesse un tableau des mœurs nationales: « Les Parisiens, dit-il, sont d'un caractère fort civil ; mais ils ont trop de mobilité et feraient tout pour s'enrichir. Autrefois ont les accusait de lourdeur; aujourd'hui ils se sont tellement perfectionnés, qu'ils trompent les autres ; j'ignore si ce changement de caractère s'est fait naturellement ou s'il en faut rapporter l'origine, soit aux exhortations répétées des parents, soit à la quantité d'imposteurs qui se sont nichés dans cette ville. Les femmes aiment une parure recherchée jusqu'au point de perdre leurs époux, qu'elles gouvernent du reste à leur gré. Les hommes comme les femmes sont par-dessus tout avides de nouveautés. Voilà pour les habitants de la cité. Ceux de la banlieue sont grossiers, ne

---

(1) Idem, page 258.
(2) Idem, pages 432 et 305.

peuvent supporter aucune injure et regardent comme une chose louable de dépouiller de leur argent les étrangers et les voyageurs : aussi la vie n'est-elle nulle part plus chère qu'aux environs de Paris.

» Les gens de Blois semblent tirer leur élégance, leur politesse et leur affabilité, de la bonté de leur climat ; ils vivent en paix chez eux et se montrent très-hospitaliers pour les étrangers ; en aucun lieu de la France les mœurs ne sont plus polies qu'en cette ville. Il en est de même des Orléanais, qui parlent un français très-correct, mais leur esprit pétulant et satirique leur a valu le surnom de *guespins*. Les habitants de Sens sont moins rusés que les autres français, mais enclins à la superstition.

» Les Picards n'ont pas un caractère ou des mœurs inférieurs à ceux des autres habitants du pays ; mais ils sont un peu trop vifs, et passent pour irascibles ; ils aiment la bonne chère, et prennent grand plaisir à boire. Comme ils n'ont rien de dissimulé, on peut toujours se fier à eux sans aucune arrière-pensée.

» Les Normands, au contraire, sont défiants et rusés ; ils ne peuvent supporter de lois étrangères et conservent obstinément les leurs ; grands amateurs de procès, ils connaissent toutes les rubriques de la procédure, ce qui les fait éviter par les étrangers ; ils sont, du reste, pleins d'urbanité et aptes aux arts et aux sciences.

» Les Bretons, bien qu'Ausone ait dit : « il n'y a pas un Breton qui vaille quelque chose, » sont plus ou moins civilisés, suivant la différence des localités ; ceux qui habitent les côtes ont plus de rudesse; mais tous sont également rusés, même lorsqu'ils paraissent tout ronds. Ils sont très-avides et aiment beaucoup le vin; de sorte que, pour en boire, ils ont coutume de fréquenter les cabarets et les tavernes. La nature semble les avoir créés pour haïr les Normands et ceux-ci réciproquement.

» Les Auvergnats sont extrêmement rusés, laborieux, avides de gain ; aussi s'adonnent-ils au commerce ; ils sont pour la plupart fourbes, querelleurs et violents, ce qui rend les rapports avec eux peu désirables. La noblesse du pays est magnanime et de mœurs très-cultivées.

» Les Bourguignons ont un caractère ouvert, facile, dénué de toute malignité; ils s'aiment entr'eux sans dédaigner les étrangers. Ils désirent les honneurs. Leurs femmes, bien que chastes et attachées à leurs époux, sont passionnées pour la parure. Le défaut capital des gens du peuple est de boire un peu trop, et à la manière allemande.

» Les Provençaux sont sobres, courageux, mais très-inconstants, avares, infidèles. Ils sont bavards, très-vains, arrogants, cruels et irrespectueux envers les supérieurs. En général ils sont très-attachés à la religion, et s'adonnent à la musique et aux chansons.

» Les Gascons ont beaucoup d'esprit ; ils réussissent facilement dans toutes les choses auxquelles ils s'appliquent ; mais leur arrogance est intolérable, et bien qu'ils s'efforcent de la cacher, ils y parviennent difficilement lorsqu'ils voient qu'on les dépasse. Ils louent eux-mêmes leurs qualités, et entendent très-volontiers leur éloge dans la bouche des autres ; si l'on ne parle pas d'eux, ils s'exaltent au-delà de toute expression. Ils sont avares, s'efforçant en outre d'augmenter leur bien par des moyens licites et illicites. Ajoutons qu'ils sont envieux, qu'ils méprisent les autres, qu'ils se montrent ingrats lorsqu'on ne les oblige plus, et au contraire obséquieux à l'excès envers ceux dont ils ont besoin. La noblesse est polie, hospitalière ; mais son caractère irritable et cruel fait souvent dégénérer les festins en scènes de violence et de meurtre (1). »

» Le peuple français se distingue par la patience avec laquelle il supporte les impôts. Ce qui faisait dire à Louis XI, roi très-habile dans l'art de régner, qu'il avait un pré excellent et fertile qu'il tondait à son gré chaque fois qu'il avait besoin de fourrage ; et l'empereur Maximilien que j'ai entendu surnommer en Italie *Peu d'argent*, à cause de sa pauvreté, avait coutume de répéter que le roi de France possédait

(1) MERULAE *Cosmographia de Gallia*. Amsterdam, 1636, page 63.

des brebis à toisons d'or, insinuant par là qu'on ne s'y révoltait jamais contre les tributs imposés par le monarque (1). »

Cette manière de juger les peuples n'est pas particulière à tel ou tel écrivain. C'était le goût d'alors de dire ce que l'on pensait, sauf à mal penser, et chaque nation passait tour à tour par l'étamine. Si le satirique Barclay a paru bien sévère pour la France, voici un écrivain de la même époque qui ne juge pas les Italiens avec plus d'indulgence, bien qu'il fasse quelques exceptions à sa dure critique des habitants du pays : « Les Florentins sont ménagers, les Mantouans sont vils, les gens de Padoue moyens, ceux de Pavie rustres, ceux de Pérouse délicats. En ce qui regarde la nourriture, les Florentins adorent le fromage, les Mantouans les haricots, les Trévisans les grenouilles, les Napolitains les choux, les Génois les laitues, les Padouans les poissons, etc. (2). »

Voilà les inepties au moyen desquelles on flattait le goût peu raffiné de nos ancêtres. Il fallait bien quelques divertissements pour tromper la longueur du voyage, et ces nomenclatures sarcastiques aidaient à tuer le temps. Mais la faconde des auteurs d'itinéraires fournissait aux touristes d'autres amusements

---

(1) Idem, page 108.
(2) *Itinerarii Italiae libri* IV, edente F. Schot. Cologne, 1620, page 462.

encore, comme on le voit par la collection d'où nous avons tiré le fragment que nous venons de citer. Outre divers itinéraires, elle renferme des anecdotes sérieuses ou plaisantes, des énigmes agréables aux voyageurs, pour parler comme le texte, des nomenclatures destinées à exercer la mémoire, et un *ternaire* sur la passion, dont voici le début :

« O mira vis ternarii
Quae occurrit hic frequentius !
Comites in hortum tres legit,
Ter dormientes excitat.

» Ter orat ; armatas humi
Sternit cohortes ter potens :
Cristatus ales ter canit,
Totiesque Petrus peierat.

» Tres indices primarii
In publicum ter sistitur.
Ter Pontius virum probat,
Ter in crucem deposcitur (1). »

Il s'en faut cependant que ces singularités rendent tous les itinéraires également agréables; quelques-uns écrits par les voyageurs qui ne faisaient que regarder en courant, sont aussi ennuyeux que les guides d'aujourd'hui. En conséquence, les amateurs de ce genre de littérature devront surtout rechercher les relations

(1) Idem, page 361.

qui indiquent un long séjour dans la contrée. Elles se rapportent généralement au 16me siècle, bien que leurs nombreuses réimpressions soient souvent datées du 17°. C'est vers le milieu de celui-ci que l'esprit de l'Europe commence à changer et que l'ingénuité s'en va. Dans les *Délices de la Hollande*, réimprimé à Amsterdam en 1685, on voit déjà percer l'esprit nouveau ; mais il y a encore bon nombre de traits naïfs. L'auteur y préfère au ciel de la Grèce celui de la Hollande qui lui cause « un transport plein d'une très-douce et très-charmante confusion. » Il remarque, à propos de la maison de correction, dite *tucht-huyse*, à Amsterdam, qu'il y a sur la porte deux lions bridés, « énigme qui sert d'avertissement à la jeunesse débauchée de se retenir dans les bornes de la vertu ; » il rapporte avec une certaine hésitation l'histoire d'une sirène qu'on recueillit dans la vase, et qui apprit à filer, mais jamais à parler. Cependant nous sommes ici déjà trop avancés ; l'esprit dissolvant du protestantisme a dissipé toutes les superstitions et enlevé à l'histoire son charme le plus séduisant. Au 16° siècle donc l'avantage d'être une époque encore indécise et de laisser subsister les pittoresques tourelles, privées des brigands qui les habitaient. La France d'alors était un des pays les plus attrayants, à cause de l'étonnante variété des mœurs de ses provinces, mœurs qui, dans les recoins les plus reculés, n'allaient pas, comme en Allemagne, jusqu'à la barbarie. Dans les dernières années du 16° siècle et dans les premières du 17°, notre pays commençait à se remettre, sous la paternelle administration d'Henri IV, des blessures qui l'avaient déchiré. Séduits par la douceur du climat, les étrangers n'ayant plus rien à redouter des discordes politiques, affluaient de toutes parts dans nos provinces, particulièrement dans la France centrale, dont le français irréprochable ou soi-disant tel les attirait. C'étaient surtout les Allemands qui venaient se dégrossir au contact de nos nationaux ; il leur fallait donc un manuel qui leur donnât tous les renseignements désirables sur le royaume de France, sans rien omettre de ce qui était nécessaire aux besoins matériels. La cosmographie de Mérula (1) traitait bien de la France en détail; mais ce livre est surtout un volume d'érudition. Quelques relations furent donc écrites dans le but de guider les touristes : de ce nombre est l'*Itinéraire de la Gaule narbonnaise* par Pontanus(2),

---

(1) Paul Mérula, érudit et historien hollandais, né à Dordrecht, en 1558, mort en 1607. On a de lui, entre autres ouvrages, une description générale du monde connu. Elle est écrite en latin.

(2) Jean-Isaac Pontanus, historien et philologue danois, né en 1571, à Elseneur, mort en 1639. Jodocus, qui s'est beaucoup servi de son *Itinéraire de la Gaule Narbonnaise*, publié en 1606, désigne toujours cet auteur par son prénom d'Isacius.

celui du jurisconsulte Paul Hentzner, et les *Délices de la France* de Simon Schamberg. Nous avons vainement cherché ces deux derniers volumes, qu'on retrouverait peut-être dans quelque bibliothèque d'Allemagne ; mais admettant qu'ils soient anéantis, leur perte est en quelque sorte compensée, puisque nous possédons l'*Itinéraire de la France* de Jodocus Sincerus.

Cet écrivain, qui se nommait en allemand J. Zinzerling, était né dans une ville de Thuringe, en 1590, et mourut en 1618, deux ans après avoir publié la description de la France qu'il parcourut de 1612 à 1616. Malgré ces dates, on peut dire qu'il peint la France du 16e siècle, car celle-ci subsista jusqu'à Richelieu. Désireux d'être utile à ceux de ses compatriotes qui souhaitaient apprendre le français dans la contrée même, Jodocus leur désigne les meilleures auberges, les voituriers auxquels ils peuvent se fier et les personnes notables qu'il est bon de visiter. Grand amateur d'érudition, il recueille chemin faisant mille faits curieux, note les inscriptions, fait connaître les usages, les traditions, les mœurs. Il indique surtout avec le plus grand soin les villes célèbres pour la correction du langage, et signale avec horreur aux voyageurs allemands les provinces du Midi comme des régions funestes où l'on parle un français corrompu. Jodocus est en général très-favorable à notre pays. Quand il dépeint des paysages, on retrouve sa nature germanique, et il n'a pas assez d'éloges pour les belles places ombragées d'arbres de nos villes de province, pour les vergers et les vignobles de la Touraine et de l'Orléanais. Il se loue en même temps du caractère du Français ; si ce n'est dans le pays d'Aunis, dans le Périgord et dans le Limousin. Ces provinces éveillent son indignation; il se plaint de la grossièreté des gens de l'Aunis, de l'âpreté du vin du Limousin, de la laideur des femmes de Périgueux. En Languedoc, il s'adoucit ; mais si le muscat de Frontignan lui inspire des dispositions agréables, il se fâche de nouveau en songeant au mauvais français que l'on parle dans la contrée: « L'étranger, dit-il, qui s'en viendrait en ce lieu pour apprendre le français, s'en repentirait cruellement. »

Jodocus visite toute la France, à part la Bretagne ; il fait de plus une excursion en Angleterre, en Belgique, en Hollande, en Suisse et en Savoie. Son voyage est surtout rédigé d'après ce qu'il a vu ; il s'est beaucoup servi cependant d'auteurs contemporains, tels que Mérula, Pasquier, Corrozet, Claude de Rubys, Paradin et quelques écrivains étrangers. Son itinéraire est un véritable trésor d'érudition curieuse, parce qu'il a cet avantage unique de peindre les mœurs. Le style en est d'une naïveté extrême. Nous osons donc en présenter avec confiance une traduction, persuadé qu'elle a de l'intérêt pour toutes les personnes qui aiment la littérature et l'histoire.

Comme l'auteur a écrit dans ce latin scolastique qui servit, jusqu'au milieu du 17ᵉ siècle, de moyen de communication entre les érudits, le texte de son livre est souvent confus, et nous n'avons pas cru devoir nous astreindre à reproduire les tours de phrases de Jodocus avec une complète fidélité. Nous nous sommes contenté cependant de faire disparaître quelques inscriptions qui auraient donné à notre *Voyage pittoresque* une physionomie trop savante, et nous avons amélioré l'auteur original en supprimant d'insupportables répétitions de mots. L'appendice sur Bordeaux, placé ordinairement à la fin de l'*Itinerarium Galliae*, est un morceau d'archéologie trop ennuyeux pour que nous ayons jugé convenable de le traduire; nous nous sommes borné à en extraire quelques fragments que nous avons replacés dans l'*Itinéraire* même aux lieux qu'ils doivent occuper. Il eût été malheureux en effet de priver le lecteur d'un passage où Jodocus, qui n'avait jusque là mangé les huîtres que cuites ou marinées, déclare qu'il se décida à les avaler crues d'après quelques vers d'une épitre d'Ausone, raison décisive pour un Allemand.

Le titre latin de l'ouvrage est le suivant : *Jodoci Sinceri Itinerarium Galliae, ita accommodatum, ut ejus ductu mediocri tempore tota Gallia abiri, Anglia et Belgium adiri possint; nec bis terve ad eadem loca rediri oporteat : notatis cujuscumque loci , quas vocant , deliciis : cum appendice de Burdigala, ac Iconibus Urbium praecipuarum Illustratum. Amstelodami, apud Jodocum Jansonium.* M DC XLIX. Ce livre a été souvent réimprimé; mais il est devenu très-rare nonobstant, ce qui explique comment il n'a pas encore eu les honneurs d'une traduction.

L'auteur d'un ouvrage intitulé : *Voyage de France, par D. V., historiographe de France,* publié à Paris en 1687, s'est bien servi de l'*Itinéraire* de Jodocus ; mais, sous prétexte de l'accommoder aux changements survenus dans le royaume, il en a supprimé les détails les plus intéressants, et n'en a fait qu'un extrait insipide sans couleur et sans vie. La France de Louis XIV n'est plus d'ailleurs la France de Henri IV, ce qui explique pourquoi nous avons donné une version exacte de l'auteur latin.

Thalès BERNARD.

Préface de l'auteur latin.

Ami lecteur, je viens t'offrir un itinéraire de la France et des régions voisines, bien différent de ceux qui ont paru jusqu'à présent. Effectivement, les derniers ne notent que les voyages de leurs auteurs; moi j'ai soin de décrire, non pas ce que j'ai fait, mais ce que j'aurais dû faire, en indiquant avec candeur les fautes et les erreurs de route que j'ai pu commettre. Le but que je me propose est celui-ci : être surtout utile aux étrangers qui veulent consacrer trois ans au voyage de France, en comprenant l'étude de la langue parmi les autres exercices. D'après le plan que j'ai tracé, ils devront suivre cinq itinéraires distincts. Le premier, commence à l'arrivée d'Allemagne en France, et finit à Orléans ou à Bourges; le second fait traverser les populations riveraines de la Loire jusqu'à Nantes, puis La Rochelle, Bordeaux, et avec un crochet en retour, Poitiers; le troisième passe par le Limousin, le Périgord, la Gascogne, le Languedoc, la Provence, le Dauphiné, le Lyonnais, la Bourgogne, et s'arrête à Paris ; le quatrième conduit en Angleterre et en Belgique, en partant par la Normandie et en revenant par la Picardie ; le cinquième parcourt une partie de la Bourgogne, Lyon, et ramène en Allemagne par la Savoie et la Suisse. Tu te rendras deux fois à Paris et à Lyon ; il en sera de même pour Orléans, à cause de la commodité du voyage par eau. Je ne suis pas d'avis que tu répètes ta visite dans d'autres localités. Voici comment j'ai réglé la durée de chacun de ces voyages ; suppose que tu as terminé le premier l'année même de ton départ, en été ou en automne : tu passes à Orléans, à Bourges et à Moulins tout le temps qui reste jusqu'à la fin du mois de mai de l'année suivante; les cinq mois subséquents seront consacrés au second voyage, et tu feras à ton gré quelques pauses dans les villes les plus agréables de l'Orléanais ou de la Bretagne; tu passeras l'hiver à Poitiers; tu emploiras l'été de la troisième année à des excursions dans le voisinage de cette ville ; quand vient l'automne, tu fais ton quatrième voyage ; tu hivernes à Paris ; au printemps de la quatrième année, tu te rends en Angleterre et en Belgique, pour en revenir bientôt ; et à l'automne tu t'en retournes dans ta patrie par le cinquième itinéraire que je t'ai tracé. Ainsi, si tu es parti de chez toi au printemps de la première année, et que tu rentres dans l'automne de la quatrième, tu auras consacré trois ans et demi à voyager à travers ces royaumes, républiques et principautés. On voit bien, du reste, que j'écris ici, non pour ceux qu'un but particulier conduit dans des endroits déterminés, mais pour les étrangers qui peuvent et veulent consacrer du temps à ce voyage. Ceux qui désireraient l'exécuter plus rapidement, joindront ensemble la seconde et la troisième excursion; et supprimeront en tout ou en partie la quatrième. Quant à ceux qui entreront par la Suisse, ils pourront encore faire leur profit de mon livre dont ils n'auront qu'à renverser la nomenclature. J'ajouterai que dans le cas où on devra laisser certains lieux sans les visiter, ces pages seront peut-être agréables, puisqu'elles permettront de voyager en esprit là où il n'aura pas été possible de se rendre en corps et en âme.

Je juge inutile de faire une description du royaume de France, puisque Paul Mérula a traité longuement et savamment cette matière dans le troisième livre de sa *Cosmographie*. Tu peux consulter ce volume, il te fera connaître l'opinion des anciens sur la Gaule, la physionomie géographique de cette contrée, ses chaînes de montagnes, ses fleuves, ses sources, qui sont en nombre infini et quelques-unes très-curieuses, comme j'ai eu le soin de le noter chemin faisant. Paul Mérula te fera encore connaître les principaux traits de l'histoire de France, le nom des monarques de ce pays, et la manière dont il est gouverné. Je me contenterai de rappeler que le climat est tempéré et l'un des plus salubres du monde. Si les épidémies l'infestent rarement, cela tient sans doute à ce que les basses classes mêmes font usage d'aliments et de boissons plus délicats et plus sains que dans les pays où ces terribles fléaux sont plus fréquents. Le sol est resté fertile aujourd'hui comme au temps de César, et il mérite toujours les surnoms que lui donne Polybe : *fécond en hommes* et *porte-froment*. Où trouverais-tu en effet des champs plus fertiles en blé que dans le Poitou, la Saintonge et le Berry ? La Bourgogne, la Picardie, la Normandie, la Beauce produisent le lin et le chanvre en grande quantité. Il n'y a pas d'autre région qui suffise par elle-même à la confection des câbles et des voiles de navires. Les arbres pommifères abondent dans la Normandie, dans la Picardie, dans la Bretagne principalement, où, pour suppléer au manque de vin, on use d'une boisson faite de pommes ; dans la France méridionale, ce sont les amandes, les noix, les figues, les olives, les oranges, les grenades, qui poussent à profusion. On trouve des bois de châtaigniers dans le Limousin, le Périgord, en Auvergne et dans le voisinage. Presque tout le pays produit des vins généreux. Il faut excepter la Bretagne, la Normandie et la Picardie, où la rigueur du climat s'y oppose. Mais on croirait à peine quelle quantité de vin est exportée sur la Garonne, la Charente et la Loire, pour l'usage des Anglais, des Belges et des habitants de l'Allemagne septentrionale. La ville de Bordeaux à elle seule expédie cent mille barriques par an.

Tu vois de côté et d'autre des bois et des pâturages servant à faire paître le gros et le menu bétail. De là vient une si grande quantité de viande, de lait, de beurre, de fromage, de laine. La volaille est très-abondante. Si l'on consommait en un an dans les autres pays le même nombre de chapons, de poules et de poulets qu'on fait disparaître ici en un jour, il serait à craindre que l'espèce n'en pérît. On mène les dindons paître par troupes. On rencontre plus de lièvres, de lapins, de perdrix, de grives là que partout ailleurs. Il y a des forêts dans le Poitou où l'on voit, lorsqu'on les traverse, des bandes de lapins broutter et se réjouir, ce qui n'est pas une maigre volupté pour les yeux. La Bretagne et la Gascogne produisent des chevaux généreux, un peu grêles cependant et plus convenables pour des cavaliers que pour traîner les voitures et les charrettes : ceux qui remplissent ce dernier usage sont amenés d'Allemagne. Le pays possède des chasses où l'on poursuit le cerf, le chevreuil, le sanglier ; mais l'Allemagne est supérieure à la France sous ce point de vue. On rencontre dans les Cévennes des mines métalliques. On récolte aussi de l'or en France, quoique en petité quantité ; mais c'est surtout la monnaie d'or étrangère qui abonde dans la contrée. Il y a de grandes plaines dans la Gaule celtique et belge, surtout dans la Picardie, dans la Champagne, dans le Berry, dans la Touraine, dans le Poitou. Au contraire, le pays est montagneux en Auvergne, en Limousin, en Périgord, en Dauphiné, en Provence, en Bourgogne.

Les habitants ont un caractère de feu ; chez eux la bile domine. C'est sans doute de là que vient l'extrême vivacité de leur esprit, la rapidité de leurs résolutions, leur irascibilité, et en même temps la promptitude avec laquelle leur colère s'apaise comme un incendie qu'on éteint dans l'eau. Leur démarche est d'une élégance extrême ; tout plaît en eux, l'expression de leur physionomie, leurs mouvements, leurs gestes; mais il est difficile de les imiter, et les étrangers tombent aisément dans le ridicule en s'efforçant d'y parvenir. Un grave défaut chez eux est que la timidité est inconnue même aux enfants. Ils plaisantent avec la plus grande facilité et improvisent leurs discours avec éloquence. J'ai souvent entendu des femmes du grand monde disserter d'une manière très-remarquable sur les matières les plus graves, la politique, la physique, la morale ; la langue française, qui admet la terminologie grecque et latine, possède un nombre infini de livres ayant rapport à ces sciences.

Les Français sont très-bien disposés pour les étrangers, surtout quand ces derniers, se défaisant de leur morosité, se conforment au génie de la nation. Fidèles à leur caractère, ils recherchent l'élégance dans leurs repas comme partout ailleurs. Leur habitude est de placer la table au milieu de la salle à manger, afin que chacun puisse s'en approcher et s'en éloigner librement. Ils aiment les viandes savoureuses et choisies et le vin qui n'est pas falsifié; mais ils coupent celui-ci avec de l'eau, de peur qu'il ne leur embrase le foie. Enfin leur manière de dîner et de souper atteste qu'ils mangent pour vivre et non qu'ils vivent pour manger. Ils n'aiment ni les repas prolongés pendant plusieurs heures, ni l'ivresse et les provocations à boire. Le matin ils mangent des viandes cuites, le soir des viandes rôties : méthode qui n'est pas défavorable à la santé. Ils consomment moins d'autres viandes et de légumes que les Allemands. Ils détestent beaucoup de choses qui sont fort appréciées dans différens lieux ; ainsi l'on ne t'offre jamais du choux ou entier, ou haché menu et macéré dans le vinaigre, ni des viandes farcies de raiforts, plats qui conviennent à d'autres nations. Tu verras rarement des viandes fumées, des pommes, des poires, des raves séchées au soleil ou au four. Ils consomment beaucoup de choux et de raves accommodés en fricassées. On voit aussi fréquemment sur leur table des chardons, des asperges, des artichauts et autres légumes de cette nature, suivant la saison. Ils ont l'habitude de déjeûner avant de sortir, mais très-légèrement, et se contentent d'un verre de vin et d'une bouchée de pain. Cet usage fortifie le corps, réjouit l'âme et détruit les crudités de l'estomac.

Ils se servent, pour combattre le froid, de cheminées et non de poëles, usage singulier pour ceux qui sont habitués aux émanations des derniers. Mais l'emploi des cheminées est plus salutaire, parce que le poële charge souvent la tête, et que d'ailleurs, comme il transforme la chambre en étuve, ceux qui sortent de chez eux pour se rendre à l'air, grelottent de froid tel temps qu'il fasse. Pour mon compte, peu satisfait d'abord de la chaleur modérée que donnent les cheminées, lorsqu'au bout de deux ans, je retrouvai à Lyon la température étouffante produite par l'emploi du poële, elle me sembla, à mon grand étonnement, presque intolérable. La même chose m'était déjà arrivée quand, après avoir abandonné l'usage des lits de plume, j'avais ensuite recommencé à m'en servir. Tellement il est vrai que l'habitude est une seconde nature.

On peut voyager en France avec plus de sûreté que partout ailleurs, ce qu'il faut peut-être attribuer à la prohibition faite aux voyageurs de porter des armes à feu; les seuls auxquels elles soient permises sont les gendarmes qu'on rencontre d'ordinaire s'acheminant deux à deux le long des chemins; grâce à leurs mousquets, ils peuvent mettre en déroute un nombre quadruple de brigands. Quant aux commodités de transport, il y a des voitures publiques qui partent de Paris pour différents endroits et qui reviennent dans la capitale. On trouve partout des chevaux de louage, excepté dans les lieux où sont les chevaux de poste et les *relais*. De plus, l'avantage qu'on tire de la navigation sur la Loire, sur la Garonne et sur le Rhône n'est pas médiocre ; mais le voyageur qui veut s'aventurer sur ces deux derniers fleuves, doit se confier à un marinier habile; car le Rhône est dangereux, à cause de son extrême rapidité, et la Garonne à cause de sa grande agitation. On trouve beaucoup de remarquables monuments d'antiquité dans toute la France, mais principalement dans le Midi ; les plus importants sont : les arènes de Nîmes, le pont du Gard, l'arc de Marius à Orange, le temple de Diane et la maison carrée à Nîmes, les statues et la pierre de Viviscus dans la basilique de Bordeaux, le palais de Tutelle dans la même ville, la tour sur le port de la Charente à Saintes, les statues antiques de dieux et de princes dans le jardin de M. de Raimondi, conseiller à Bordeaux ; les murs de Narbonne, remplis d'inscriptions romaines, etc.

En exécutant ce voyage en France, tu rencontreras beaucoup de choses qui sont fort rares et fort chères chez nous et que tu pourras te procurer ici à très-bon compte. A Marseille on trouve des curiosités fabriquées avec des coquilles et des coraux, sans parler de diverses marchandises turques; à Montpellier, le fameux électuaire dit Alkermès, et des poudres odorantes ; à Carcassonne, des peignes de buis merveilleusement travaillés; à Montauban, à Montpellier, à Castelnaudary, à Moulins en Bourbonnais, des boîtes de couteaux, de ciseaux et d'instruments semblables. A Limoges, tu admireras le travail exquis des *frères Mabreaux*.

J'ai voulu mettre en tête de mon itinéraire ces renseignements généraux sur la Gaule, imprimés presque aussitôt que rédigés, pensant qu'il valait mieux écrire une introduction incomplète que de garder entièrement le silence. Lorsque j'aurai plus de loisir, je ne craindrai pas de revenir sur le même sujet et de te donner pour compagnon dans ton voyage un discours plus étendu et peut-être plus utile.

VOYAGE

DANS LA VIEILLE FRANCE

Départ d'Allemagne. Arrivée en France.

Comme je me propose, moi allemand de naissance, d'être utile à mes compatriotes en écrivant cet itinéraire de la France et des régions voisines, il sera bon, je suppose, de commencer par faire connaître mon opinion sur le point par lequel il est le plus commode et le plus avantageux d'aborder la France lorsqu'on arrive de l'Allemagne, ou qu'on la traverse pour se rendre à Paris.

Arrivée en France par la Belgique.

Certaines personnes pensent qu'il faut d'abord se rendre en Belgique, soit lorsqu'on vient de l'Allemagne inférieure, parce que les deux pays sont voisins, soit lorsqu'on vient de l'Allemagne supérieure, parce que le voyage sur le Rhin est très-rapide, peu coûteux, et qu'il permet de voir du peuple et des villes dignes d'attention. On rencontre en Belgique, disent-elles, non seulement ces études libérales qui semblent avoir voulu depuis peu choisir cette contrée pour domicile, mais toutes sortes d'exercices dignes de gens bien nés, et, en outre, on peut y commencer l'étude de la langue française, étude qu'on achèvera plus tard dans la France centrale. Il y a des personnes, dis-je, qui trouvent bon qu'on en agisse de la sorte ; mais je ne partage nullement leur opinion, car ainsi les fruits du voyage de Belgique seraient perdus, ou du moins beaucoup diminués. En effet, c'est surtout dans les auberges, en prenant ses repas, qu'on a l'occasion de causer, soit avec les gens du pays, soit avec les étrangers. Or, dans les principales villes des deux Belgiques, il n'arrive peut-être pas une seule fois sur dix qu'on emploie dans les repas un autre idiome que la langue française. Mais, si tu ignores cette dernière, il faut de trois choses l'une : ou que tu joues le rôle d'un personnage muet, ou que tu emploies un interprète en lui faisant traduire à mesure la conversation, ou qu'au risque de te couvrir de confusion, tu demandes toi-même qu'on te répète, dans l'idiome que tu connais, les matières dont on traite. Sache donc qu'il faut faire le voyage de Belgique après celui de France, afin que le dernier t'aide à bien profiter de l'autre.

Arrivée par la Suisse.

Il y a d'autres personnes qui arrivent par la Suisse, et s'arrêtent en Savoie, comme dans un vestibule, pour apprendre les premières notions de la langue française, ou qui s'en vont tout droit jusqu'au Rhône, et portées heureusement sur ses eaux, cherchent les plus riantes villes de la Gaule narbonnaise pour y faire un certain séjour.

Séjour dans la France méridionale.

Elles trouvent à cela un double avantage : d'abord, les dépenses de l'entretien ne sont pas considérables, et ensuite ces lieux offrent des agréments qu'on ne rencontrerait pas ailleurs à un pareil degré.

Conseils pour l'étude du français.

Mais garde-toi d'imiter ces imprudents : car tu tomberais dans des provinces qui parlent un français informe et corrompu, dont tu ne pourrais plus te défaire, une fois que tu en serais imprégné, quand même tu résiderais pendant longtemps dans la France centrale, où le peuple parle très-élégamment. Les expressions vicieuses reparaîtraient toujours. Je peux te citer pour exemple un grand nombre de mes amis, qui, ayant passé plusieurs mois dans ces régions, et ayant commencé à y apprendre la langue, allèrent ensuite habiter les provinces où l'on parle mieux, et ne purent, malgré deux ou trois ans d'efforts, perdre leur affreuse prononciation. On essaie de répondre à cette objection en fardant la vérité. Les gens bien élevés, comme ceux avec qui les étrangers ont coutume de vivre, n'adoptent point, dit-on, les mauvaises locutions du peuple ; ils parlent purement, ayant pris l'habitude de mots choisis et d'une prononciation correcte, soit dans le nombril de la France, soit dans leur lieu natal, en conversant avec ceux qui se sont corrigés des tournures vicieuses par une longue résidence dans les provinces centrales. Mais croyez en ma ferme persuasion : il est plus facile de communiquer une odeur à une coquille fraîche encore que de l'enlever ensuite en lavant celle-ci à grande eau. En effet, pourra-t-on se préserver tellement du contact des étrangers, qu'on n'ait jamais affaire qu'à des gens choisis et qu'on se contente de vivre, de se promener, de causer avec les mêmes compagnons ? Non pas, certes ! on est obligé de parler avec des individus de toutes conditions : avec les personnes de la haute classe, avec celles d'un rang moyen, avec la populace. Il est souvent nécessaire d'adresser la parole aux goujats et aux marmitons qui tournent la roue d'Ixion devant un ardent foyer. Quelquefois aussi, en se promenant dans la ville il faut interroger ceux qu'on rencontre pour leur demander une chose ou l'autre. Eh bien ! crois-moi, ce que tu apprends de la sorte s'imprègne plus fortement dans ton esprit que tout ce qu'un pédant enseigne à ses élèves en les menaçant de la férule. J'ai connu des enfants nobles, venus en France à la suite des princes d'Allemagne, et qui avaient appris le français plus rondement dans les cuisines que ne le font ceux qui s'épuisent, en se rongeant les ongles, à absorber la moëlle de cette langue. Si je dis cela cependant, ce n'est pas afin de t'engager à fréquenter les marmitons et à mépriser les soins d'un maître, mais afin de te faire voir que les tournures et les mots du peuple ne passent point inaperçus pour celui qui les entend.

Première excursion à Paris.

Venons-en au fait, pourtant; par quel point doit-on entrer en France ? Je crois qu'il faut adopter ce chemin qui te permettra d'abord de venir saluer la capitale. Je ne prétends pas que tu doives séjourner à Paris, étant si nouveau dans le pays ; je veux que tu le salues seulement. En désires-tu connaître la raison ? C'est que, en quelque lieu que tu ailles ensuite te fixer, tu te donneras ainsi un certain poids aux yeux des nationaux, et tu te concilieras leur faveur. Avoir vu les villes d'Italie, d'Allemagne et des autres royaumes, ce n'est rien; ce qui les frappe surtout, c'est quand un homme annonce qu'il a été à Paris, qu'il a vu le roi et la reine, les princes et les princesses, l'église et les tombeaux de Saint-Denis, les châteaux royaux voisins de la capitale. C'est par de tels récits que tu rassasieras les oreilles et que tu enchaîneras les âmes d'un grand nombre de gens. Mais, lorsque tu auras salué Paris, il faudra t'en éloigner pour chercher une ville où l'on parle un français plus correct.

—

DÉTAIL DU VOYAGE.

Départ de Strasbourg.

Il sera donc utile de partir de Strasbourg, où je ne désapprouve pas que tu commences à parler et à lire le français ; de cette ville tu iras en droite ligne à Nancy, capitale de la Lorraine. Je te conseille d'employer un cheval qui t'appartienne, afin de pouvoir t'arrêter où bon te semble; tu ne prendras avec toi ni malles, ni empêchements d'aucune sorte; et si tu as des bagages, il vaudra mieux les envoyer à Paris par un voiturier.

Le premier jour de ton voyage, tu parviendras à la ville allemande de Saverne, après avoir examiné en passant la citadelle de Kochersberg, devenue célèbre dans les dernières guerres d'Alsace.

Saverne.

Saverne est le siége d'un évêché ; elle est située dans une plaine, au pied des montagnes qui séparent l'Alsace de la Lorraine. C'est une ville de petite dimension, mais forte cependant et difficile à assiéger, tant qu'on ne serait pas maître de la citadelle placée sur la cime d'une montagne voisine, car ce fort pourrait couvrir la plaine du jeu de ses machines et de ses canons. J'ai vu là sur la muraille gauche de l'église supérieure, l'épitaphe d'Anna Wiclandin, dont je ne puis sans ingratitude passer le nom sous silence, à cause des services que sa famille m'a rendus. En quittant la ville par la porte qui regarde la Lorraine, on aperçoit encore sur la crète d'une colline, à droite, les restes des fortifications élevées pour servir à la défense de la cité pendant la guerre d'Alsace. En avançant encore un peu, on découvre une montagne assez haute et d'un accès difficile. On l'appelle en allemand *Sleg*, qui veut dire *montée*. Autrefois cette montagne était inabordable de ce côté, et il fallait la tourner; mais Guillaume III, évêque de Strasbourg, y fit tailler une route en 1520, comme l'atteste une inscription qui se trouve à droite en montant.

Phalsbourg.

Après avoir passé la montagne, il faut traverser Phalsbourg, le premier endroit qu'on rencontre en Lorraine lorsqu'on entre de ce côté. C'est un bourg très-agréable et on peut s'y héberger quand on est parti de Strasbourg le matin. On trouve ensuite la ville de Sarrebourg, qu'on aborde par une route pierreuse ; St-Georges, où l'on vous cite ce curieux proverbe d'hôtellerie: *point d'or, point d'argent*; et Blamont qu'on appelle en allemand Blanckenburg.

Blamont.

Le château est spacieux et possède une entrée magnifique. A droite, on rencontre une auberge où l'on peut vivre fort bien pour un prix modique. Tu auras donc soin d'y passer la nuit, certain que, s'il n'y a pas eu de changement depuis, tu ne trouveras pas un meilleur endroit pendant toute la durée de ton voyage à Paris. Je parle d'après une longue expérience.

Lunéville.

Delà, tu traverses une plaine qui te conduit à *Lunéville*, cité assez élégante et munie de remparts de terre.

Saint-Nicolas.

Non loin est le bourg de Saint-Nicolas, appelé dans le peuple Niclasbourg. Il est situé sur la *Meurthe*, dans une plaine riante et fertile. Il faut admirer l'église qu'on voit en ce lieu ; le vaisseau en est immense et très-élevé, et soutenu par des colonnes si frêles, qu'on s'étonne comment elles peuvent supporter un pareil fardeau. Ce monument a deux tours, au sommet de l'une desquelles le cardinal Charles de Lorraine, évêque de *Metz*, a fait placer son symbole, à savoir un obélisque entouré de lierre, avec ces mots : TE STANTE VIREBO. On conserve dans cette église un doigt de main de St. Nicolas, de Patare, en Lycie ; cette relique est gardée dans une boîte d'or incrustée de diamants. Un tel trésor ayant rendu ce lieu célèbre, la foule y afflua de tous côtés, et elle s'augmenta bientôt à un tel point, que maintenant, bien que cette localité ne soit pas entourée de murailles, elle ressemble plutôt à une grande ville qu'à un bourg, si l'on considère la beauté de ses maisons ; la commode disposition de ses rues, le grand nombre de ses habitants, parmi lesquels abondent les marchands et les artisans.

La Lorraine.

A deux mille de distance se trouve *Nancy*, capitale du duché de *Lorraine*. Mais avant d'en parler en détail, il me faut dire quelques mots du pays en général.

La province tire son nom de Lothaire, fils de Louis-le-Pieux. Elle s'appelait autrefois

Austrasie et avait de plus grandes dimensions qu'aujourd'hui : vers le couchant, à l'opposite d'elle, se trouvait la ***Westrasie*** ou ***Westrie***, appelée ensuite Neustrie par corruption. Tous ces noms de pays se rencontrent fréquemment dans les écrivains français. Maintenant la ***Lorraine*** est bornée au levant par l'Alsace, au sud par la Bourgogne, au couchant par la Champagne, au nord par la forêt des Ardennes et le pays de Luxembourg et de Trèves. C'est une contrée montueuse et parsemée de bois épais. On y trouve cependant de riantes vallées, et des plaines d'une certaine étendue. Le vin et le froment y sont en quantité suffisante. Elle renferme en outre des mines nombreuses, et des sources salines dont la plus célèbre est connue en Allemagne sous le nom de Plumbersbadt ; le poisson abonde dans les étangs et les cours d'eau. Ses principales rivières sont la Meuse, la Moselle, la Sarre, la Meurthe.

La Meuse prend sa source dans les Vosges, arrose Verdun, Sédan, Mézières, Liége, Maestricht, Ruremonde et Venloo ; elle se mêle en Hollande avec un bras du Rhin et va se jeter dans la mer près de Dordrecht.

La Moselle prend également sa source dans les Vosges, mais du côté de l'orient, non loin des sources de la Saône ; elle arrose Toul, Metz, Trèves et se mêle au Rhin près de Coblentz. Ausone lui a consacré des vers doctes et élégants. Sous Domitius Néron, on commença à creuser un canal destiné à joindre la Saône à la Moselle et à faire communiquer par eau les rivages de l'occident et ceux du nord. On peut voir à ce sujet le XIII° livre des Annales de Tacite.

La Sarre, née près de Salm, traverse beaucoup de villes qui lui empruntent leur nom et va se joindre à la Moselle un peu au-dessus de Trèves.

La Meurthe, après avoir reçu beaucoup de rivières, dans son lit, et avoir arrosé Nancy et le bourg de St-Nicolas, s'approche peu à peu de la Moselle, dont elle suit le cours pendant longtemps, de sorte qu'il ne reste entre les deux fleuves qu'une étroite langue de terre, jusqu'à ce qu'enfin un peu au-dessus du château de Condé, qui, situé sur un rocher, domine le bourg dont il a pris le nom, ils mêlent leurs eaux en s'abordant sous un angle très-aigu. En rapportant tout ceci, je me sers des paroles de Paul Mérula, comme dans beaucoup d'autres endroits, bien que ces choses me soient parfaitement connues.

La Lorraine était habitée autrefois par les *Médiomatrices*, dont la capitale s'appelait Diviodurum, aujourd'hui Metz, et par les Leuci, dont la cité principale, *Toul*, a conservé jusqu'à nos jours son ancien nom.

La Lorraine fut autrefois un royaume, mais pendant un temps assez limité. Depuis quelques siècles, c'est un duché. Ses derniers ducs sont de la famille de Bouillon. A la même branche appartiennent les ducs de Guise, d'Aumale, de Mayenne, d'Aiguillon, de Mercœur, princes du royaume de France.

Paul Mérula traite avec soin tout ce qui concerne le comté, la baronnie et la seigneurie de Lorraine. Mais ces détails s'écartent du but que je me propose ; je les laisse donc de côté pour m'occuper de Nancy.

Nancy.

Cette ville est située sur les bords de la Meurthe, dans une plaine très-agréable qui va en se relevant à une certaine distance. Aujourd'hui elle se divise en vieille et nouvelle cité. C'est dans la première que se trouve le magnifique palais des ducs de Lorraine. On montre aux voyageurs la chambre du duc actuel ; on y parvient par une galerie décorée de nombreux portraits de rois et de princes. On vous conduit ensuite dans une salle où l'on voit deux tables très-précieuses, l'une de marbre, extraordinairement large et longue ; l'autre d'argent doré et ornée de figures et d'emblêmes merveilleusement gravés qu'expliquent des vers latins incisés au-dessous de chaque sujet. Une nouvelle salle où l'on te mène, présente à tes yeux des tapisseries magnifiques rassemblées en nombre considérable, et d'une splendeur plus que royale. Là aussi tu vois une figure humaine sculptée en bois, dont tous les muscles formés de morceaux séparés, ont été ajoutés après coup et peuvent s'enlever à volonté. Dans le château voisin on trouve l'église de St-Georges, où est le monument consacré à Charles-le-Téméraire, duc de Bourgogne; on y lit une double épitaphe en vers élégiaques, que je n'ai plus maintenant sous la main, mais en voici un dont je me souviens :

« Le lion est tombé, la paix va refleurir. »

Tu verras beaucoup de monuments des ducs dans cette église. On remarque, entre tous, celui de Réné, l'heureux rival de Charles-le-Téméraire. On peut visiter l'arsenal, qui est très-bien fourni surtout d'artillerie et de canons : dans le nombre, tu en verras un d'une longueur prodigieuse : je n'en ai jamais rencontré qu'un seul de même dimension : c'est dans le château de Douvres, en Angleterre. Les écuries du duc renferment de superbes chevaux ; on leur a ménagé une arène dans laquelle on célèbre des jeux équestres circulaires : cet endroit n'est pas sans élégance. La ville semble imprenable, tant elle est garnie de fossés et de remparts; mais cependant les fortifications qui l'entourent ne sont pas toutes construites d'après les règles de l'art actuel. Elles sont d'une telle hauteur toutefois, que les collines du voisinage menacent peu la cité. Je ne puis que donner des éloges à l'auberge du *Grand-Cerf*, qui se trouve dans cette ville ;

mais je blâme un hôtelier comme celui qui a pour enseigne l'image de St. Nicolas, homme injuste et persécutant sans raison les étrangers. Les remparts et les fossés de la vieille ville la séparent de la nouvelle. Celle-ci est beaucoup plus grande que la première et la disposition de ses rues qui se coupent perpendiculairement, lui donne un meilleur aspect. On a commencé à y élever une église qui n'aura guère son égale quand elle sera terminée. Les nouveaux remparts, construits à la moderne, sont un travail prodigieux ; un fossé très-profond, qui entoure la cité, achève de la rendre imprenable. Du haut de l'un des bastions, on vous montre au loin une croix de pierre érigée dans un endroit marécageux ; on dit qu'elle est munie d'une lame de cuivre sur laquelle est gravée une inscription attestant le meurtre de Charles-le-Téméraire. Un peu plus loin, au lieu même où se donna la bataille, se trouvent une chapelle et un cimetière dans lequel des vers français inscrits sur des tables d'airain, contiennent le récit de cet affreux combat.

Mérula fait remarquer qu'au pied des monts se trouve le bourg de Marcheville, dont les habitants ayant été convaincus de trahison envers leur duc Frédéric II, furent notés d'infamie, et, pour cette cause, toutes les fois qu'il leur arrive de manger avec les autres domestiques des princes, on a coutume de leur présenter le pain *retourné*. Le même écrivain ajoute qu'on voit en ce lieu les débris d'une tour ronde dans laquelle ce même duc, surpris à la chasse, fut enfermé pendant trois ans.

Le voyage de Nancy à Paris peut se faire de deux manières. L'une des deux routes mène à la capitale par la Champagne et par Meaux, en traversant les villes suivantes :

Toul.

1° *Toul* est le siége d'un évêché. En 1552 elle fut occupée par Henri II, ainsi que Metz et Verdun. On y voit une jolie église.

2° Le bourg de *St-Auby*. Quand vous y arrivez, on vous demande si vous êtes porteur d'armes à feu ou de marchandises prohibées.

Bar-le-Duc.

3° *Bar-le-Duc* est bâti sur une colline élevée; pour y parvenir il faut traverser un élégant faubourg situé dans la plaine. On a joint au nom de cette ville l'épithète de *le Duc*, pour la distinguer des autres cités portant le même nom, c'est-à-dire *Bar-sur-Seine* et *Bar-sur-Aube*. C'est la capitale du Barrois. On y fabrique des poignées d'épées très-élégantes, et le nombre de ceux qui n'en achètent pas est fort restreint.

4° La *Maison-Rouge*, bourg très peu considérable, sur la frontière de la Champagne. De là, au bout de sept lieues de plaine, tu arrives à Châlons.

Châlons-sur-Marne.

3° *Châlons-sur-Marne*, qui a pour homonyme Châlons-sur-Saône en Bourgogne, est une très-grande ville, remarquable par ses tours en forme de pyramides ; ses édifices sont tout blancs, parce qu'on emploie pour leur construction une terre crayeuse. Elle fait le commerce du froment et des toiles. Elle s'enorgueillit de posséder un évêque auquel ce siége donne la dignité de comte et pair de France. En dehors de la ville, près de la porte qui conduit à la Marne, on trouve une belle promenade ombragée servant à délasser les habitants. A peu de distance on rencontre les fameux *champs catalauniens*, dans lesquels l'armée d'Attila fut écrasée par les forces réunies du général romain Aétius, de Théodoric et de Mérovée, rois des Goths et des Francs, vers l'an du Christ 450. Il ne faut pas souscrire à l'opinion de ceux qui transportent cette sanglante bataille dans les *champs cathalaniens*, près de Toulouse, ou même en Auvergne : Mérula démontre très-bien ce point ; il fait remarquer qu'Attila n'a pas passé la Loire, circonstance qui vaut à Aétius, dans les poésies de Sidoine Apollinaire, le nom de *libérateur de la Loire*. Le même poète s'exprime ainsi : « O Belges, c'est dans tes plaines qu'Attila avait répandu ses terribles bataillons. » Comment donc pourrions-nous chercher ces plaines chez les Celtes de l'Aquitaine ou de la Narbonnaise ?

Monceaux.

6° Monceaux est un château royal situé à deux lieues de Meaux. Il est magnifique ; des jardins et des viviers superbes en dépendent. On peut le visiter à la volée en passant.

7° Meaux. Je parlerai de cette ville tout à l'heure.

Voilà le chemin direct pour se rendre à Paris. Mais je n'estime pas assez ce qui se trouve sur la route pour ne pas t'engager, dans l'intérêt de tes plaisirs, à prendre par la droite. C'est aussi pourquoi je te conseille d'avoir des chevaux à toi plutôt que d'aller par le coche. Effectivement tu retrouverais à peine l'occasion de voir des lieux si remarquables. Ainsi donc, je voudrais que de Nancy tu te rendisses dans les villes dont les noms suivent :

Pont-à-Mousson.

La première est Pont-à-Mousson. Elle est appelée ainsi d'un pont sur lequel on traverse la Moselle, et d'une montagne voisine couverte de vignes, qu'on nomme dans le pays *Mousson*. Elle possède une université où a professé autrefois Pierre Grégoire de Toulouse, ce grand homme dont les écrits vivent pour l'éternité. Elle est située dans un lieu très-fertile, et elle a une place très-grande et carrée. La Moselle coupe en deux cette cité, dont un pont réunit les deux parties. C'est dans la ville inférieure que se trouve le collége des jésuites, où il y a une grande affluence d'élèves.

Metz.

Metz, jadis ville royale et métropole de l'Austrasie, a donné son nom au pays *Messin* qui l'entoure. Elle est aujourd'hui le siége d'un évéché, et appartenait récemment encore à l'Empire ; mais le roi de France Henri II s'en empara, en 1552.

Ce monarque fit construire dans le voisinage une forteresse redoutable, qui sert à la fois à protéger la ville et à la contenir. On en permet difficilement l'accès aux étrangers. Pierre Divaeus (1) s'exprime ainsi au sujet de la ville de Metz.

« Elle est située dans une grande plaine arrosée par la Moselle ; cette rivière se divise en deux bras, dont l'un baigne les murailles et l'autre traverse la ville, où il sert aux usages domestiques ; tous deux se rejoignent ensuite pour ne plus former qu'un seul fleuve. L'aspect de la cité est charmant. En effet, tandis que la campagne environnante est tout-à-fait plane, Metz est situé sur un terrain un peu

(1) Pierre Van-Dieve, antiquaire, greffier de la magistrature de Louvain, mort en 1591.

plus élevé, conformément à la manière dont les anciens fondaient leurs villes. On monte à la principale église par une série de degrés : à côté d'elle la place du Marché occupe la partie la plus élevée de tout le plateau, et le terrain va partout en descendant vers les murailles ; il est escarpé dans un seul endroit où tu vois deux rues pavées disposées de telle sorte que l'une traverse les sommets des maisons de l'autre. L'église est consacrée à Saint-Etienne, patron de la ville ; c'est un beau monument, d'une dimension considérable, et ce qui arrive rarement, achevée dans toutes ses parties. On rapporte qu'il s'y trouvait un crucifix en bois couvert de lames d'or. Nous y avons vu une cuve de porphyre rouge, d'une grande capacité, dans laquelle on conserve les eaux lustrales. Il y a dans la même ville d'autres belles églises ; on en voyait aussi plusieurs dans ses faubourgs, parmi lesquelles il faut nommer la basilique de Saint-Arnould, célèbre parce qu'elle renfermait les tombeaux de Louis-le-Pieux, de son fils Charles et de quelques filles du roi Pépin. La fureur de la guerre a détruit tous ces monuments, au point qu'il ne reste même plus de vestige du faubourg de Metz, et qu'au-delà de ses murs tu n'aperçois que la campagne déserte. »

J'ai extrait ce passage du livre de Divaeus, auquel j'emprunte les lignes suivantes au sujet d'un aqueduc ruiné que le vulgaire ignorant s'imagine avoir été un pont construit par le diable :

« Sur cette route tu rencontreras le village de Jouy, placé entre le pied des monts et la Moselle, et malgré la distance qui sépare les collines situées de chaque côté du fleuve, les ruines qui subsistent encore aujourd'hui attestent qu'un aqueduc a existé dans ce lieu. Il en reste plusieurs arceaux, construits de moëllons en pierres blanches et taillés en forme de brique. On en aperçoit aussi quelques-uns sur la rive opposée. Les habitants affirment qu'il y avait ici une fontaine, quoique leur ignorance leur fasse regarder ces arceaux comme les arches d'un pont ; ils ajoutent que d'autres arceaux, mais de moindres dimensions, se trouvaient depuis ce bourg jusqu'au sommet même de la montagne, paraissant se diriger vers Metz, distante d'un mille. La hauteur contre la rive est d'au moins soixante pieds, d'où il est facile de conjecturer quelle était l'étendue de cette construction, et quelle devait être l'élévation des arceaux, aujourd'hui détruits, qui plongeaient dans le lit du fleuve. Les indigènes affirment encore que la partie supérieure des arceaux est tout-à-fait plate, et revêtue d'un enduit de couleur rouge : ils prétendent qu'il y avait autrefois, au milieu, une petite maison ouverte de tous côtés : ce que nous soupçonnâmes être une partie du toit qui couvrait jadis le conduit des eaux. »

Sédan.

Tu devras ensuite te diriger vers Sédan. Avant d'atteindre cette ville, il te faudra traverser, soit de riantes campagnes couvertes d'arbres fruitiers et de vignes, soit des landes pierreuses, coupées de bois et de buissons. Tu laisses sur la gauche Etain, ville de bonne apparence, qui appartient à la Lorraine, et auprès de laquelle se trouve une citadelle de peu d'étendue, mais bien fortifiée. Tu laisses de même sur la gauche Pont-à-Mousson, qui doit sa sécurité plutôt aux travaux de l'art qu'à la nature du lieu, car une colline élevée la domine d'un côté. C'est la première ville de France qu'on rencontre en venant de la Lorraine ; elle renferme une garnison et en outre des huissiers royaux qui recherchent curieusement les marchandises ou autres matières prohibées que vous pouvez porter avec vous. Il est inutile de visiter ces deux places.

A une couple de lieues de la dernière se trouve Sédan, qui est assise entre le pied d'une montagne et le lit de la Meuse ; elle est munie de fortifications prodigieuses, et sa citadelle semble dépasser le pouvoir de l'homme. Lorsque tu as monté pendant longtemps, et que tu te crois bien loin de la superficie du sol, tu es stupéfait d'arriver dans un jardin.

En regardant de là à tes pieds, la profondeur est telle que ton cerveau est frappé de vertige. On a taillé dernièrement à pic une immense portion de rochers, du côté où le danger était le plus imminent, et maintenant, en sus des deux enceintes, on commence à en élever une troisième. Tu seras forcé de convenir qu'il est presque impossible de voir des fortifications pareilles. La ville est gouvernée par le duc de Bouillon, maréchal de France. Elle a des rues élégantes et des édifices superbes. Elle est baignée par la Meuse. On y trouve une université instituée par le prince.

Si tu veux te détourner quelque peu, tu pourras visiter, soit Mézières, située sur la rive droite de la Meuse, soit Charleville, fondée récemment par l'illustre duc de Nevers. Je ne les ai vues ni l'une ni l'autre, et je n'ai rien trouvé à leur sujet dans les auteurs, qu'il soit nécessaire de signaler à l'attention des étrangers. Je n'ai pas voulu passer leur nom sous silence cependant.

La Champagne.

De Sédan tu gagneras la Champagne, qui a pris son nom, comme la Campanie italienne, des larges campagnes qui la constituent. Elle est bornée au levant par la Lorraine, au midi par la Bourgogne, au couchant par l'Ile-de-France, au nord par la Picardie. Elle était habitée autrefois par les *Remi*, les *Tricassii*, les *Lingones*, les *Catalaunii*, cités par César et par d'autres auteurs. Le comté de Champagne se targuait autrefois d'un titre royal. On ne sait au juste quand il a commencé. Comme le comte de Champagne est un des pairs de France, et qu'il est certain que ceux-ci furent institués par Hugues Capet, ce comté semble avoir existé au moins dès le temps de ce roi. Mais il faut se souvenir que Thibaud, comte de Blois, de Tours et de Chartres, fut adjoint par Hugues Capet à l'assemblée des pairs. Les descendants de celui-ci ayant acquis la Champagne, et pris le nom de comtes de ce pays, au lieu de celui de comtes de Troyes qu'ils portaient auparavant, commencèrent à apparaître dans l'histoire plus fréquemment. Ce point a été traité en détail par Pasquier, dans le cinquième livre de ses *Recherches de la France*.

Aujourd'hui la Champagne se divise en inférieure et en supérieure ; la première, plus au sud, regarde la Bourgogne, et comprend Troyes et plusieurs autres villes : la seconde, située au nord, renferme les territoires de Perthes, de Châlons et de Reims. J'ai trouvé ce pays fertile en végétaux, en fruits et en vins, partout où j'ai passé. Entre Châlons et Reims cependant sont de vastes plaines, d'une blancheur analogue à celle de la craie. Aussi loin que la vue peut s'étendre, on n'aperçoit ni arbres, ni prairies, ni cours d'eau. Je t'avertis de ceci afin que tu aies soin de diriger ta route sur un point où tu puisses héberger non-seulement ta personne, mais aussi ta monture. Moi qui écris ces lignes, j'ai fait à mes dépens la triste expérience de la contrée, dans le village de Tenay ; car, n'ayant pas d'avoine pour mon cheval, les habitants lui présentèrent du froment qu'il dévora dans un repas fatal et le dernier de tous.

Reims.

On prétend que la cité de Reims tire son nom de Rémus, roi des Celtes, qui l'aurait fondée bien avant l'existence de Rome. C'est une ville très grande, environnée de blanches murailles, remarquable de loin par ses hautes tours, à l'intérieur par ses magnifiques édifices. La cathédrale, dédiée à la Vierge, est une des plus belles de toute la France. On en admire surtout les sculptures. Saint-Nicolas, onzième évêque de Reims, fut tué dans cette église par les Huns, avec sa sœur, sainte Eutrope, et beaucoup d'autres chrétiens. Dans celle de Saint-Remi, consacrée autrefois à Saint-Pierre, on conserve la sainte ampoule, et l'huile céleste qui sert à oindre les rois de France depuis des siècles nombreux. On montre complaisamment cette relique aux étrangers qu'elle intéresse. On voit aussi en ce lieu des épitaphes de rois et de princes que ma course trop rapide ne m'a pas permis de copier. Je me souviens seulement d'avoir remarqué à l'entour d'un petit coffre placé près de celui où l'on conserve la sainte ampoule, les douze pairs de France, sculptés en marbre, avec leurs somptueux vêtements et tels qu'ils ont coutume de paraître lors du sacre des rois. Cette église fut érigée par sainte Clotilde, femme de Clovis, en mémoire de ce qui était arrivé à son mari, alors son fiancé, lorsque le premier de tous les rois de France, il confessa le nom du Christ, et que, lavé dans les eaux saintes, il fut oint par saint Remi, seizième évêque de Reims, avec l'huile envoyée du ciel.

En quittant Reims, tu verras changer l'aspect du sol; la terre t'apparaîtra couverte de grandes prairies, fleurie de jardins, et revêtue de ceps qui donnent d'excellents vins. Laisse de côté beaucoup de villages et quelques villes sans importance, jusqu'à ce que, en te détournant un peu vers la gauche, tu salues la ville de Meaux.

Meaux.

Cette cité a, dit-on, tiré son nom de ce qu'elle se trouvait située comme l'est aujourd'hui son marché, entre les eaux de la Marne et celles d'une autre petite rivière. Mais je n'admets pas cette étymologie, et je crois plutôt que *Meaux* vient de *Meldae*, car la syllabe latine *el* ou *al* est remplacée très-souvent en français par la diphthongue *au* ou la triphthongue *eau.* Le territoire qui avoisine la ville s'appelle la Brie, et forme une île située entre la Champagne, la Bourgogne, le Gâtinais et l'Ile-de-France ; on retrouve le nom de ce pays dans celui de Brie-Comte-Robert. Cette cité est grande ; elle jouit d'un baillage et d'un évêché. Son premier évêque fut saint Denis, qui convertit les habitants au catholicisme. La cathédrale consacrée à Saint-Etienne a été tellement ruinée pendant les guerres civiles, que ceux qui la regardent ne peuvent s'empêcher de s'irriter et de gémir. Lorsque Charles IX, accompagné de six mille Suisses, traversa Meaux pour se rendre à Paris, on fit ces vers connus dans le peuple et qui semblent latins, mais qui en réalité sont français.

« *Parco quingentis, quasi prima corona secundae*
« *Messis mille suis sunt fora lege pari* (1). »

On trouve à Meaux une belle hôtellerie qui a pour enseigne *A la Sainte-Trinité.*

Monceaux.

Si tu as envie, après avoir exécuté le voyage à Sédan et à Reims ci-dessus indiqués, d'aller faire une courte promenade, tu peux aller

---

(1) Il faut lire ces vers de la manière suivante :
« Par coquins gentils quasi pris ma couronne a ce Condé,
« Mais six mille Suisses ont fort allégé Paris. »

L'auteur de ce distique est Jacques Faye, président à mortier au parlement de Paris, mort en 1590.

visiter le château royal de Monceaux, retraite aimée de la reine-mère Catherine de Médicis, et d'où la vue se répand au loin très-agréablement sur la campagne.

De Meaux pour atteindre Paris, il te reste une excursion d'une journée à travers des villages charmants. Tu regardes à droite l'église de Saint-Denis, ensuite l'hôpital de Saint-Louis, qui se dresse royalement presque contre les fossés de la capitale, et entrant enfin dans Paris, cet abrégé du monde entier, tu vas choisir ta demeure à *la Croix-de-Fer*, dans la rue Saint-Martin. Là, si tu trouves un acheteur, il te sera très-avantageux de vendre tes chevaux, même le premier jour de ton arrivée, parce qu'il part tous les jours des voitures pour Orléans, qui t'emmèneron dans cette ville pour un prix minime indiqué sur elles.

Paris.

Peut-être maintenant es-tu désireux de te reposer, après avoir supporté la fatigue pendant de si longs jours. Mais je veux que tu aies plus d'activité que jamais et que tu parcoures rapidement les principales choses que tu es forcé de connaitre. De ce nombre, sont le château du Louvre, le jardin royal qui l'avoisine, les églises, surtout celle de Notre-Dame et celle de Ste-Geneviève, dont la tour permet d'apercevoir tout Paris ; le faubourg St-Germain, l'Arsenal, la Bastille, la place Royale, le Palais-de-Justice avec la Ste-Chapelle, et les autres principaux monuments. Il serait bon aussi d'assister à tous les genres d'exercices, afin de connaître la figure et les noms de ceux qui les enseignent ; de la sorte lorsqu'on parlera plus tard de ces choses parmi tes compatriotes, tu ne resteras pas au milieu d'eux, muet et comme un homme ignare. Tu ne te repentiras pas non plus d'avoir visité Fontainebleau, ce premier château royal, celui de Saint-Germain, qui lui est à peine inférieur, et l'église de St-Denis. Sache qu'il ne faut pas mettre de négligence dans tes excursions ; car des temps mauvais peuvent s'élever, qui t'empêcheraient peut-être de revenir dans la capitale.

Mais je ne veux pas te retenir ici, puisque je t'ai dit qu'il n'y fallait pas faire un long séjour en premier lieu, et je pars avec toi pour Orléans.

La route est pavée pour la plus grande partie, et, tout du long, on rencontre des villes et des villages d'une élégance rare : Lonjumeau, Linas, Montlhéry, Chartres. Je veux te donner ici quelques renseignements qui malheureusement ne m'avaient été transmis ni à moi, ni à mes compagnons; ils sont relatifs au parc du seigneur de Chanteloup, situé près de Chartres, et qui n'a pas son pareil en France pour la représentation de sujets en ifset en buis taillés (1).

(1) Cet usage de tailler les arbres en figures bizarres

Le jurisconsulte Paul Hentzner a décrit ce parc avec soin dans son *Itinéraire*; et Simon Schamberg a reproduit ses propres paroles dans ses *Délices de la Gaule*; c'est au livre du dernier que je les emprunte; car je n'ai pu en aucune manière trouver la première relation. Ainsi donc accepte cette description dans le style et sur la foi d'un autre.

1° En entrant, on aperçoit un bois très-agréable, coupé de promenades diverses, qui servent à différents jeux et exercices. Sur la porte on lit cette inscription :

Les portes des Muses sont ouvertes.

2° Image de la Fortune, avec cette inscription :

La fortune est la compagne de la vertu.

3° L'Hercule de Prodicus, choisissant le chemin de la vertu, entre dans de riants jardins en laissant derrière lui la forêt épineuse des vices.

4° Un fossé; Apollon consacre des siéges.

5° Le Jugement de Pâris, et en regard une étable d'où sortent des bœufs et des pasteurs.

6° Janus Bifrons dans un carrefour.

7° Les trois Grâces, Thalie, Aglaé et Euphrosine.

8° Trophée d'Hercule où l'on aperçoit Her-

était autrefois très-répandu en France. Il subsiste encore dans quelques provinces. Ainsi l'on voit dans la cour de l'hôpital de Beaune, en Bourgogne, des ifs façonnés qui représentent des poules, des coqs, etc.

cule lui-même qui, ayant surmonté ses travaux, se repose couché sur la terre.

9° Jupiter, Neptune et Pluton, avec ces vers latins :

Jupiter gouverne les astres, Neptune la mer, Pluton le Tartare; ils possèdent les royaumes paternels et chacun a le sien.

10° Une corne d'abondance.

11° Les dieux placés en rond sur leurs couches; on voit Vénus, Vulcain, Vesta, Mercure, Cérès, Apollon, Diane, Neptune, Minerve, Mars, Junon, et enfin Jupiter, qui consacre les présents des dieux. Le jardinier qui nous accompagnait et nous montrait toutes ces choses, frappait du pied un ressort caché sous terre ; on voyait alors Jupiter se remuer de côté et d'autre, et en touchant un certain aiguillon, on faisait jouer les marteaux de Vulcain et de ses forgerons.

12° Hercule tenant sa massue d'une main entraîne tout avec lui.

13° Un phare avec cette inscription :
A la lune Pharos enlève sa lumière.

14° Croissance et décroissance de la lune, observées sous des arbres arrondis en voûtes.

15° Lotis changée en Lotus.

16° Un théâtre avec trois comédiens.

17° Des satyres et Hercule couché.

18° Circé métamorphosant ses amants en bêtes

19° Un triclinium avec huit gladiateurs, une salle à manger, un bassin, et beaucoup d'autres choses, figurées avec des rameaux d'arbustes.

20° Un bûcher semblable à ceux où l'on brûlait autrefois les corps, avec une image posée dessus et un distique en vers latins.

21° Un camp romain avec son fossé et la tente du général ; on y voyait aussi des béliers dont les Romains se servaient quelquefois à la guerre.

22° Une arène avec des juges assistant aux efforts de plusieurs coureurs.

23° Un oiseau suspendu en l'air et servant de but à des tireurs d'arc.

24° Entelle et Darès combattant.

25° Anthée assis, avec cette inscription :

Le sage aimera, les autres désireront.

26° Image de l'enfer, prise de Virgile, et arrivée d'Enée devant Cerbère, avec ce vers latin :

Des enfants de la nuit c'est ici le royaume.

27° Manlius à la porte de Capoue, où il y avait une grande pierre.

28° La porte nomentane, où était un temple de Volupia, avec cette inscription :

Sur l'autel de la volupté est l'image d'Angénora.

29° Un orateur débitant son discours au peuple, du haut d'une chaire, avec cette inscription :

Le troupeau des brebis est réuni en assemblée.

On voit en regard un général qui délibère avec ses conseillers.

30° Image d'un courtisan, avec deux vers latins.

31° Les sottises des femmes, dont la reine est la Folie ; elles sont toutes représentées avec des oreilles d'âne et dans diverses positions.

32° Des trophées d'armes où l'on voit des boucliers, des carquois et des lances.

33° L'image de la bonté, et le jeu de doigts connu en Italie sous le nom de *Morra*.

34° Un grand cirque dans lequel on voit des chars courir, et un juge tenir à la main un étendard de couleur blanche ; on aperçoit auprès des palais et des temples.

35° Consus, dieu du conseil, tenant un doigt sur ses lèvres et songeant à ce qu'il va dire.

36° Castor et Pollux, qu'un dauphin fait éclore.

37° Bacchus dans un char tiré par des éléphants et accompagné de bacchantes.

38° Groupe de frères et de sœurs ; ces figures sont sculptées en bois et posées dans la haie.

39° Un joueur de flûte battu, et un cuisinier en faute, avec cette inscription :

Le cuisinier pêche, le joueur de flûte est battu, explique cela.

40° Trophée de Mézence.

41° Combat de César, élégamment sculpté, avec des soldats qui se battent et des machines qui font explosion par un mouvement artificiel.

42° Trophée de Marius.

43° Triomphe romain, disposé dans l'ordre décrit par les auteurs.

44° Etang au milieu duquel on voit l'île de Délos.

45º Un sujet figuré avec des rameaux d'arbustes.

46º Trois sages représentés d'abord dans leur jeunesse et jouant à la balle, avec cette inscription :

Nous saurons bien dépasser nos pères.

On les voit ensuite hommes faits, et tenant chacun un glaive, avec cette inscription :

Nous sommes courageux, fais-en l'épreuve, s'il te convient.

Enfin on les voit accablés par l'âge et se soutenant sur des bâtons, avec cette inscription :

Nous avons eu autrefois une jeunesse vigoureuse.

47º Une fontaine jaillissante qui coule dans un petit vivier. On lit ces mots à droite: *Rafraîchissement pour l'été*, et à gauche : *Réchauffement pour l'hiver.*

48º Amphithéâtre dans lequel ont voit lutter des hommes et des animaux.

49º La fosse où l'on jetait les gladiateurs tués dans le combat.

50º Il y a ici une fontaine jaillissante, très-ingénieusement construite, dans laquelle on a figuré le globe terrestre avec la mer et ses îles, et entouré de la sphère céleste avec les douze signes du zodiaque.

51º Sur la porte de sortie, on lit ces mots: *Il manque toujours quelque chose à l'homme diligent.*

Mais il ne faut pas nous arrêter au milieu de

ces délices. Le temps nous presse, marchons.

Etampes.

La ville d'Etampes te recevra ensuite. Elle possède le titre de duché. Son église dédiée à la Vierge, fut élevée, dit-on, parce qu'un joueur ayant osé proférer des malédictions contre Notre-Dame, fut englouti miraculeusement dans le sol. En poursuivant ta route, tu rencontreras des lieux moins remarquables : Angerville, Thoury, Artenay, et enfin, après un long chemin entre des vignobles et des vergers, tu trouves Orléans.

C'est dans cette ville que tu peux te reposer à ton aise. Arrange tes affaires à ton gré, de telle sorte que tu puisses utiliser, pour visiter Orléans, Bourges, Moulins et Nevers, tout le temps qui s'écoulera entre le jour de ton arrivée et le milieu du mois de juin de l'année suivante. Si tu te décides à passer la plus grande partie de ce temps à Bourges, comme beaucoup ont coutume de le faire, donne au moins un mois à la ville d'Orléans. Tu n'auras pas à t'en repentir, car le génie du lieu paraît favoriser nos compatriotes, qui ont coutume, depuis quelques siècles, de résider en grand nombre dans cette académie sous le privilége des lys, et ici moins qu'autre part les habitants s'offensent si l'on vit à la manière de son pays plutôt qu'à celle du leur, et même si l'on use trop libéralement du vin qu'ils offrent à leurs hôtes.

La Beauce.

La région dans laquelle la ville est située se nomme la Beauce ; on la divise ordinairement en supérieure, moyenne et inférieure.

Orléans.

Orléans s'appelait autrefois *Genabum*, qu'il ne faut pas confondre avec *Gedunum*, aujourd'hui Gien. Cette ville faisait partie du territoire des Carnutes et leur servait de grenier et de marché. On croit qu'elle doit son origine aux Druides. Elle était petite dans les premiers temps ; mais l'empereur Aurélien l'augmenta, sans lui donner cependant les dimensions qu'elle a aujourd'hui. L'historien Belleforest prétend que cet empereur fit agrandir Orléans, en mémoire de ce que les Druides lui avaient prédit son avènement au trône. C'est alors qu'elle perdit son ancien nom de Genabum, pour s'appeler Orléans (Aurélia). Elle s'appuie sur une colline qui s'élève doucement de la rive droite de la Loire. Cette rivière baigne les murailles de la cité. Au milieu de ses eaux il y a une île charmante, couverte en partie de maisons, en partie de tilleuls, si je ne me trompe, qui répandent une ombre épaisse. L'île est jointe, par un pont, d'un côté à la ville, de l'autre au faubourg de Pontereau ; celui-ci est vaste et élégant, et renferme plusieurs hôtelleries pour l'usage des paysans qui apportent des denrées de la

Sologne. L'extrémité du pont est munie de tours et de remparts ; mais une porte en permet l'accès. La ville elle-même est garnie de fortifications de terre doublées de murs très-épais et flanquées de tours rondes. L'usage de l'artillerie, pendant les guerres civiles, a considérablement nui à ses fortifications. Dans le dernier siècle, on avait élevé en ce lieu une citadelle ; mais elle ne subsista pas longtemps, et les citoyens d'Orléans eux-mêmes la démolirent.

La cité ne manque d'aucune chose nécessaire à la vie; elle possède surtout du vin qui, recueilli dans la campagne environnante, est compté au nombre des plus généreux de France. On ne le croit pas cependant très-profitable pour la santé, et les échansons ne permettent pas aux princes royaux de le boire. On l'exporte néanmoins sur la Loire, et ensuite sur mer dans les différentes provinces du nord de l'Europe, en lui laissant le nom de la ville qui le produit.

On fait aux environs des promenades charmantes au milieu de vignobles, qui sont coupés de jardins et de plaines fertiles. C'est ici, comme à Blois, que la langue française est la plus élégante. De là vient qu'on dit en France l'*Orléanisme* comme on disait en Grèce l'*Atticisme*. Les jeunes filles surtout se piquent de bien parler et se vantent de *pindariser*. Cependant cette élégance de langage est déparée par quelques mots à double entente, qu'il n'est pas facile d'arracher aux indigènes, mais que tu éviteras aisément quand tu auras été averti.

Les habitants de toute classe, à moins qu'on ne les pousse à bout, sont d'une politessse extrême envers les étrangers; c'est à peine même, si on supporterait de la part des Allemands, au milieu de l'Allemagne, les libertés que permettent les Orléanais, en ayant l'air de ne point voir ce qui se passe. Et si par hasard une cause légitime allume leur courroux, il n'est point de colère plus facile à apaiser que la leur; elle pardonne dès qu'on se repent. Certes, moi qui suis revenu jusqu'à trois fois au milieu d'eux, je n'ai jamais trouvé qu'ils méritassent d'être surnommés comme on le fait habituellement, *les guêpes d'Orléans.*

Cette ville possède un siége épiscopal; elle a compté parmi ses évêques Aignan (Anianus) que la sainteté de sa vie a fait admettre au nombre des bienheureux, et qui est aujourd'hui patron tutélaire de la cité. Elle portait le titre de royaume avec Paris, Soissons et Metz, lorsque Clovis, et ensuite Clotaire Ier, laissèrent quatre fils. Mais ce royaume de quatre pièces se réunit en celui de France au bout de peu de temps. Elle garde encore maintenant le titre de duché, qui lui fut donné pour la première fois, quand elle fut concédée en fief par le roi Jean au comte Philippe de Valois. Celui-ci étant mort, son titre s'éteignait avec lui, lorsqu'il fut renouvelé sous le roi Charles V, qui régla par une loi qu'à l'avenir le second fils du roi de France prendrait le titre de *duc d'Orléans* et aurait cette ville pour apanage. Elle possède un présidial et une préfecture ou bailliage, et a dans sa juridiction plusieurs petites villes dont les principales sont Montargis, Beaugency, Gien, Lorris, Jargeau, Meun-sur-Loire. Des comices et des conciles qui y furent tenus lui donnèrent un haut degré de célébrité. Philippe-le-Bel, roi de France, y fonda en 1512 une université, nourrice des lois et de la jurisprudence. Jean Robert et Guillaume Fournier y professèrent autrefois; on y entend aujourd'hui, au milieu d'autres excellents jurisconsultes, Rodolphe Fournier, fils du dernier, dont les écrits vivront à côté de ceux de son père dans le temple du souvenir éternel.

Le nombre des étudiants est considérable à Orléans. Ils sont divisés en quatre nations, dont chacune a son régent: les Français, les Allemands, les Normands et les Picards. La fonction du régent des Allemands est trimestrielle. Il était d'usage autrefois de l'inaugurer par un festin somptueux dans lequel chaque nouvel arrivant tâchait de surpasser son prédécesseur; mais j'ai entendu dire qu'aujourd'hui on y met plus de modération. Le régent a un assesseur, un greffier et un garde-sceau. La nation possède aussi son trésorier questeur. Il existe en outre un conseil, composé de huit anciens choisis par élection, qui s'assemblent pour délibérer lorsque des circonstances importantes l'exigent. Il y a enfin deux bibliothécaires qui doivent se trouver tous les jours ouvrables dans la bibliothèque, pour donner des livres à ceux qui les demandent, et réclamer des reçus pour ceux qu'on emprunte. C'est aussi un devoir de leur charge de faire rentrer les volumes prêtés lorsque chaque régent sort de fonction. La bibliothèque est pourvue de toute sorte de livres. On croit que la fondation en est dûe au jurisconsulte Hubert Giphanius (1). Par Hercule ! c'est un avantage extraordinaire pour les étrangers qui veulent poursuivre leurs études, et qui en aurait retenu plus d'un pendant longtemps, si ce n'avait été à cause de ces Allemands de rebut auxquels il avait plu de faire de cette ville le séjour de leur méchanceté. Le bedeau offre à tout Allemand qui arrive de se faire immatriculer sur le registre de sa nation. Je m'étonne qu'un certain nombre refusent de donner leur nom et préfèrent même s'éloigner avec toute sorte d'inconvénients, plutôt que d'entrer dans cette république de compatriotes par une adoption de laquelle ils auraient tiré des avantages assez considérables.

Le premier de tous les édifices est l'église de Sainte-Croix, ruinée d'une manière déplorable dans les guerres civiles par ces hordes qu'un zèle religieux intempestif pousse à saccager les

(1) Hubert van Giffen, jurisconsulte et philologue, né à Buren, dans le duché de Gueldre, en 1534, mort en 1604.

monuments consacrés au culte. Elle était munie autrefois, ainsi que l'est encore la cathédrale de Strasbourg, d'une tour très-élevée, que Rabelais cite dans ses écrits satiriques comme exemple d'une grande hauteur. On montre dans la maison d'un habitant, qui demeure près de l'hôtellerie de l'*Ecu de France*, une image de carton représentant l'ancienne église. Sa longueur était de cent quatre vingts pas, sa largeur de cent quarante. Ce monarque qui a rétabli le royaume si cruellement divisé, le grand Henri IV, a voulu présider à la restauration d'un édifice aussi remarquable, et lui et sa femme ont posé la première pierre des constructions nouvelles dans la dernière année du jubilé. Depuis lors on a exécuté à frais considérables des travaux très-importants, mais qui ne paraissent pas cependant s'harmoniser avec le reste. Tellement il est vrai qu'il faut une grande dépense d'années, de bras et d'écus pour réparer ce qu'un seul jour a pu ruiner.

On aperçoit à main droite, en entrant dans l'église, une inscription attestant une manumission faite dans cet édifice. Elle n'est pas écrite en toutes lettres, mais se compose en partie d'abréviations.

C'est, je crois, le moment de faire connaître au lecteur un événement merveilleux rapporté par Mérula, le savant cosmographe.

Aventure miraculeuse.

« J'ajouterai ici une aventure qui parait excéder les limites de la croyance. On raconte que deux chrétiens furent faits autrefois captifs par les Turcs : les infidèles les avaient condamnés à mort, et on les avait enfermés dans de grands coffres excessivement solides. La veille du jour où ils devaient subir leur supplice, s'étant recommandés instamment aux reliques de la sainte Croix, conservées dans la ville d'Orléans, d'après la tradition, ils furent tout-à-coup transportés par les airs, conjointement avec leur coffre, jusque dans cette cité, et déposés à l'intérieur de l'église de Sainte-Croix. Bientôt les cloches s'étant mises à sonner d'elles-mêmes, et les habitants s'étant rassemblés, on aperçut les coffres placés devant l'autel. En les ouvrant, on en vit sortir les deux captifs qui se croyaient encore chez les Turcs et sur le point de subir le dernier supplice. La chose étant connue, les deux chrétiens firent vœu d'offrir chaque année deux cylindres pleins de cire de la même dimension que les coffres. Je ne me charge pas de soutenir ce miracle ; mais j'ai positivement vu faire l'offrande le 2 mai, veille de la fête de la sainte Croix, par les héritiers que le vœu de leurs ancêtres obligeait à agir ainsi. »

Le cimetière, digne d'être vu et de vaste étendue, est situé près de l'église et a subi la même destinée; car la plupart de ses épitaphes ont été ruinées.

L'Hotel-de-ville possède une tour de laquelle chacun peut promener à loisir ses regards sur Orléans.

Le palais ou tribunal est contigu à la Loire. C'est un édifice sans valeur, mais sur lequel il faut jeter un coup d'œil, parce qu'il repose sur le fleuve.

On trouve dans cette ville un grand nombre d'édifices privés assez beaux, surtout à l'intérieur. Quoique dans toute la France on ait l'habitude de garnir les chambres de paillassons, nulle part cet usage n'est plus répandu qu'ici. S'il ne donne pas aux appartements un grand air de luxe, du moins il leur donne un air de propreté et les défend du froid de l'hiver.

Les rues munies d'un pavé élégant, fait de petites pierres carrées, préservent le pied des passants de toute souillure.

Les places les plus célèbres sont celles de l'*Estappe*, le *Martroy* (qui emprunte, dit-on, son nom à l'usage où l'on est d'y exécuter les criminels), *St-Aignan*, les *Mottes*. Quelques-unes sont ombragées d'arbres aux vastes branches; ce qui fait d'Orléans une des plus ravissantes cités de France. Rien de plus agréable pour celui qui a la tête fatiguée par les études ou par les affaires, que d'aller chercher au milieu de la ville un paisible délassement.

Bref, pour tout dire en un mot, le charme et l'éclat qu'offre cette ville confirment bien le jugement porté sur elle par un grand roi. Comme un empereur lui demandait quelle cité de son royame il préférait : « Orléans. » Et l'empereur ayant repris : « Mais Paris ? »

Le roi répliqua : « Paris n'est pas une cité, c'est un monde. » Il est connu aussi dans le peuple que ce même invincible empereur, lors du voyage qu'il fit à travers ce royaume pour aller châtier la révolte des Gantois, dit qu'il avait vu en France cinq choses dignes de remarque : « Une maison, *Larochefoucauld* ; un bourg, *Poictiers* ; un jardin, *Tours* ; une ville, *Orléans* ; un monde, *Paris*. » Voilà ce que j'ai transcrit de la bouche du vulgaire.

Beaucoup d'événements fâcheux l'ont accablée. Pour taire les plus anciens, disons qu'elle fut assiégée par Attila et sur le point de succomber. Le courage de ses habitants, qui attendaient le secours d'Aétius, de Mérovée et de Théodoric, la sauva cependant. On dit aussi qu'elle dut son salut aux prières de saint Aignan, alors évêque, et en mémoire duquel fut élevée l'église qui porte encore son nom. La ville n'eut pas moins à souffrir de la part des Anglais, sous le règne de Charles VII, en 1428 ; mais la pucelle d'Orléans, dont je parlerai tout à l'heure, la vint secourir et fit lever le siége. Enfin, en 1565, elle se vit serrer de près par le duc François de Guise, qui l'assiégeait au nom de Charles IX, lorsqu'en assassinant le duc, un scélérat nommé Poltrot, délivra la cité.

Mais il y a encore quelques particularités relatives à cette ville, qu'il ne convient point de passer sous silence.

Statue de Jeanne d'Arc.

D'abord je veux que tu ailles voir la statue de la pucelle d'Orléans, Jeanne d'Arc, née à Vaucouleurs en Lorraine, et enlevée miraculeusement à ses brebis pour aller délivrer Orléans et replacer le roi sur son trône. Cette histoire est racontée dans les livres de plusieurs auteurs. La statue placée sur le pont est de telle sorte : C'est une Vierge Marie portant dans ses bras une image du Sauveur prêt à être enseveli. Des deux côtés se trouvent à genoux, ici Charles VII couvert d'une armure, d'autre part la pucelle d'Orléans armée et les cheveux tombants, dans l'attitude de la prière. Tu feras bien de lire surtout un livre publié il y a quelques années à Pont-à-Mousson, par un savant compatriote de la pucelle ; l'auteur y a rassemblé tous les témoignages des écrivains, et réfute les accusations de maléfice ou de superstition élevées contre Jeanne d'Arc. L'épée de la jeune fille se trouve à l'église St-Denis ; je l'ai vue conservée là avec d'autres joyaux. En mémoire de la délivrance de la ville, il fut décrété que chaque année, le douzième jour de mai, des prières publiques seraient faites par les citoyens de tout ordre et de tout rang; conséquemment, ils se rendent en grand nombre sur le pont, et, lorsque les prières sont terminées, rentrent dans l'intérieur de la cité. Cette fête est nommée par excellence *la feste de la ville*.

A quatre lieues de là on rencontre Jargeau ; c'est une ville petite, mais forte, qui possède un pont sur la Loire.

Jenaille.

Non loin se trouve un jardin charmant contigu au château de Jenaille, et appartenant à une dame de noble famille. Aie bien soin de le visiter. Tu y verras entr'autres un rocher ingénieusement composé de coquilles de diverses couleurs, et de pierres brillantes, laissant jaillir des eaux qui représentent différentes figures.

Montargis.

Si l'envie te prend de te promener pendant quelques jours, il faut aller jusqu'à Montargis, que tu atteints à travers de riants vignobles, tandis que de l'autre côté s'étendent de larges prairies. Cette gracieuse ville est de petite dimension ; un château la domine, et est muni d'un fossé, d'un rempart et de tours qui sont au nombre de douze, si ma mémoire ne me trompe. Il n'était pas permis d'y entrer, parce que la proximité de l'armée du prince de Condé, qui se trouvait dans le voisinage, obligeait de prendre quelques précautions ; on tenait même deux portes de la ville fermées. On dit que ce château renferme une des plus grandes salles de toute la France ; et l'on rapporte que le roi Henri IV y joua au ballon.

Aventure du chien de Montargis.

Sur l'une des cheminées, est sculptée la remarquable histoire d'un chien, qui vengea le meurtre de son maître en saisissant à la gorge l'assassin, et en lui donnant la mort en présence du roi, malgré une résistance désespérée.

Henri de Guise sortait de cette ville avec ses troupes, lorsqu'il défit des bandes d'Allemands en divers lieux et surtout près d'Auneau.

En faisant ce détour, tu as rencontré Jargeau, et deux lieues au-delà, Châteauneuf, bourg élégant avec un château. Tu as vu de loin le monastère de St-Benoit, construction fortifiée située sur la rive de la Loire. A la sortie d'une forêt, tu as traversé Lorris qui donne son nom au pays d'alentour. De là, parcourant des lieux sinistres et remplis d'embûches, et longeant des prairies auxquelles de grands arbres servent de haies, tu es parvenu dans le lieu où succombèrent un grand nombre d'Allemands, et enfin Montargis t'a reçu dans ses murs. Tu décideras toi-même s'il te faut revenir à Orléans par le même chemin ou par une autre route. Je n'ai pris qu'une fois le premier, qui ne m'a pas servi pour le retour.

A une lieue d'Orléans il y a une source qu'on dit très-remarquable : moi, je ne l'ai pas vue. Ne tarissant jamais pendant l'été, ne gelant jamais pendant l'hiver, elle offre les plus grandes commodités aux gens d'Orléans, d'autant plus qu'elle forme de suite un fleuve , comme la source de Vaucluse , près d'Avignon.

La retraite de M. Escuyer est également très-agréable. Sa maison est jolie , aussi bien que le verger et le jardin, et on trouve dans le dernier une promenade ombragée qui longe la rive du fleuve. Cette maison se trouve à l'angle du bourg d'Olivet.

Je t'ai rapporté , sans rien exagérer , tout ce que j'avais à te dire sur Orléans. Prends garde cependant que mon bavardage ou les délices du lieu ne t'arrêtent outre mesure dans cette ville. Puisque tu veux connaître la France , il ne faut pas te borner à une seule cité , quelque séduisante qu'elle soit.

C'est Bourges qui t'appelle maintenant ; entends et écoute. Tu pourras t'y rendre commodément au moyen de chevaux de louage qui , venus de cette ville chargés de cavaliers, doivent s'en retourner chez eux à vide, à moins qu'il ne se présente un voyageur de hasard ; tu auras donc cette occasion tous les mercredis de chaque semaine, pour un prix très-supportable , si toutefois tu ne t'amuses à jeter inconsidérément ton argent par les fenêtres.

La Sologne.

Il te faut traverser la Sologne, ainsi nommée du froment (*siligo*) qu'elle produit en abondance. Pendant cette excursion , tu ne verras aucune ville , que tu suives l'une ou l'autre des deux routes qui existent. Si c'est en automne ou en hiver que tu voyages, tu seras beaucoup entravé par la boue ou par l'eau, et tu rencontreras des flaques et des torrents en travers de ton chemin. Celui-ci ne te semblera pas plus commode par la saison des chaleurs. Tu trouveras néanmoins dans les villages des auberges passables. J'ai été et je suis revenu plusieurs fois par l'une et l'autre des deux routes. Mais je te recommande de préférence celle-ci: rends-toi d'abord à la Ferté, à quatre lieues d'Orléans, où le baron de Senneterre habite une jolie maison et cultive un jardin de bonne apparence. Après t'être restauré en ce lieu, tu passes le château et le bourg de la Motte, situés dans un terrain marécageux, et tu arrives le soir à Pierrefite. Ensuite tu rencontres Soisme, puis Neuvy, où il faut dîner; tu vois de loin, à droite, les sommets du château de Nançay, qui appartient à la famille de la Châtre; tu passes Loigny, et enfin tu entres dans Bourges.

Le Berry.

Le Berry, qu'habitaient autrefois les Bituriges, est borné au nord par la Sologne, au levant par le Nivernais et le Bourbonnais, au sud par le Limousin, au couchant par le Poitou et la Touraine. Ce fut d'abord un comté et plus tard un duché. Il abonde en blés, en vins, en pâturages, en troupeaux qui donnent beaucoup de laine. C'est pour cela que les habitants, occupés activement du tissage et du commerce des étoffes, ont placé un mouton dans les armoiries de la métropole, et qu'on les appelle en plaisantant *moutons de Berry*.

Bourges.

La capitale de tout le pays se nommait autrefois Avaricum ; c'est aujourd'hui Bourges. La nature même du lieu réfute ceux qui prétendent retrouver Avaricum dans la ville actuelle de Vierzon; car la situation de la ville de Bourges est maintenant encore telle que César l'a décrite dans ses *Commentaires*. Elle est arrosée par l'Auron, que des écluses rendent navigable, au point que les bateaux chargés de sel peuvent remonter jusqu'à Dun-le-Roy, situé sept lieues plus haut. Il faut cependant nettoyer tous les ans le lit du fleuve, de peur que les bâtiments ne s'engravent dans le sable. La porte qui mène vers le Poitou et le Limousin tire son nom du pont jeté sur ce fleuve. Lorsque vous sortez par là, on vous montre à gauche le lieu où un prince allemand périt asphyxié ainsi que son précepteur. On raconte leur mort de la manière suivante: Tous deux étaient dans un bateau, accompagnés d'un chien qu'ils faisaient sauter dans l'eau, avec si peu de prudence qu'ils finirent par faire chavirer la barque. Les herbes dont le fleuve est couvert en cet endroit ne leur permettaient pas de nager avec facilité. Le précepteur avait enfin réussi à s'échapper cependant; mais voyant les efforts désespérés de son maître, il se précipita dans l'eau pour lui porter secours, et, cette fois, ne revint plus. A droite, un peu plus loin de Bourges, on montre un lieu pareil, dit la *fosse des Allemands*, à cause d'un individu de cette nation qui y périt.

La ville est baignée encore par d'autres petites rivières qui arrosent les prés voisins en trois endroits, de sorte que ni les piétons, ni les cavaliers ne peuvent passer facilement, et que, pour assiéger Bourges, il serait nécessaire d'établir trois camps séparés, l'un contre la porte de Bourbon, l'autre contre la porte du Pont-Auron, le troisième contre la porte de St-Privat. La ville est ancienne et d'origine inconnue. C'est là que les Bituriges osèrent, sur le commandement de leur chef Vercingétorix, projeter de résister à César. On montre encore, entre les bourgs de Solange et de Nohant, l'endroit où le chef gaulois avait établi son camp.

Mais toute puissante qu'ait été cette ville à l'époque de la domination romaine, il s'en fallait de beaucoup qu'elle fût aussi grande que maintenant. Voici ce qu'en dit Mérula:

« Les dimensions de l'ancienne ville étaient moindres qu'aujourd'hui. Elle s'étendait vers les marais, et nous pouvons encore admirer ses remparts que les procédés de construction des anciens Romains ont laissés presque entiers. Ils commencent à la tour qu'on appelle la *grosse tour*, traversent le milieu de l'église de St-Etienne, la rue de St-Jean-le-Rustique, la porte Gordienne jusqu'à la porte Neuve, dite autrefois de St-André : de là, ils s'étendent par la rue des Arènes, jusqu'à la porte de Tours. Vers ce point ils se replient en partie sur la porte de St-Paul et sur la tour dont j'ai déjà parlé.

« Par la suite, l'enceinte de la cité fut reculée à plusieurs reprises. Et celle-ci fut tellement augmentée par Charlemagne et d'autres souverains, qu'elle peut lutter aujourd'hui avec les villes les plus grandes et les plus fortes de toute la France. Elle est de forme oblongue, très-spacieuse, et munie de quatre-vingts tours, parmi lesquelles on distingue, à cause de sa dimension insolite, celle que j'ai mentionnée tout à l'heure ; cette grosse tour est elle-même flanquée de tours moindres et entourée de fossés très-profonds ; c'est Philippe-Auguste, roi de France, qui la fit fortifier de la sorte en 1190. Cette tour est ronde et de grande hauteur. On dit qu'il y en avait autrefois une seconde toute semblable, mais aujourd'hui détruite, de sorte que la ville de Bourges aurait tiré son nom de cette circonstance. Un écrivain du pays, Chaumeau, cite ce vers d'un ancien grammairien :

Turribus à binis inde vocor bituris.

» Mais il est plus facile de faire croire ceci à d'autres qu'à moi. »

Lorsqu'on arrive d'Orléans et d'Issoudun, la ville de Bourges apparaît sous un aspect magnifique, car la colline qu'elle occupe se déroule en entier sous les regards ; en venant par Dun-le-Roy, il n'en est pas ainsi ; alors tu aperçois seulement le sommet des édifices les plus élevés.

Le territoire de Bourges produit de bons fruits, d'excellents légumes et du vin de bonne qualité, qui ne convient pas toujours aux nouveau-venus, gâtés qu'il sont par la saveur de celui d'Orléans. Mais au bout de quelques jours on y est bientôt habitué, surtout en voyant comme il est profitable pour la santé.

De gras pâturages fournissent le pays de viandes ; des bois peu éloignés, de lièvres et d'oiseaux ; les fleuves et les étangs regorgent de poissons et de canards, les vergers de fruits de toutes sortes. Aussi peut-on vivre à très-bon marché dans cette ville, si l'on fait soi-même sa dépense dans le logis qu'on a loué. Cependant je ne conseillerais pas d'en agir ainsi, sans se réunir au moins quatre à la même table.

Dans le faubourg de St-Privat, il y a une source gazeuse, où, pendant l'été, tu verras tous les matins une grande affluence de gens venir chercher la santé. On dit que ces eaux sont favorables surtout à ceux qui souffrent de la pierre.

Centre de la France.

Le français qu'on parle en ce lieu est presque

aussi pur que celui d'Orléans ; il en approche du moins beaucoup, ce qui ne t'étonnera pas, puisqu'on croit que Bourges est située dans le centre même de la France et qu'on te montre un tilleul qui indique précisément le milieu du pays.

La principale église est celle de St-Etienne, destinée autrefois à la destruction, mais conservée cependant. C'est un édifice immense, d'une élégance rare. Elle est ornée à l'extérieur de sculptures représentant des sujets empruntés à l'histoire sainte ; beaucoup d'entre elles ont malheureusement été endommagées pendant les guerres civiles. Les curieux ont coutume d'aller admirer un bas-relief qui décore l'une des portes : il représente le jugement dernier, et l'on y voit Abraham recueillir les justes dans son sein.

Cette église est flanquée de deux tours, dont l'une est fort élevée et sert de beffroi: lorsqu'il y a des troubles dans le royaume, on fait le guet très-attentivement au sommet de cette tour, et si des cavaliers s'avancent vers la ville, on indique leur nombre par autant de coups de cloche et on abaisse un étendard, placé en haut du donjon, dans la direction de la porte vers laquelle se pressent les arrivants ; St-Etienne possède aussi une crypte, mais fort petite, et où il n'y a rien de curieux, si ce n'est quelques statues de pierre en assez mauvais état.

On voit dans cette église, près du chœur,

la chapelle de l'illustre héros Claude de la Châtre, gouverneur du Berry, et commandant d'armée sous les six derniers rois.

Le jour de l'Epiphanie, on promène d'un bout de l'église à l'autre, une grande étoile de verre qui brille au moyen d'une lumière placée à l'intérieur.

Il faut visiter aussi l'église de St-Pierre, où ont été inhumés les grands jurisconsultes Duarénus, Contius, Cujas. Ils n'ont aucun monument funéraire, négligence déplorable ! Une main pieuse avait tracé au charbon ce vers sur la muraille :

Le savant Contius vit pour l'éternité.

O toi qui as écrit ce vers, j'ignore qui tu es, mais du moins ta piété ne passera pas inaperçue.

Il te faudra surtout rendre visite à la Sainte-Chapelle, fondée par le duc de Berry, Jean, frère de Charles V, sur le modèle de la Sainte-Chapelle de Paris. Il y est enterré, ainsi que Jeanne, femme de Louis XII. On voit en ce lieu diverses choses curieuses : un lustre ou couronne suspendue dont le contour supporte des lampes ; un cerf de bois sculpté de la même grandeur qu'était un de ces animaux, pris à la chasse par le duc de Berry ; le tibia d'un géant. Aie soin de demander à voir le trésor de cette chapelle. Il renferme la couronne du duc de Berry et des vases d'or et d'argent. D'autres sont d'une matière inconnue et incrustés de pierreries. Contre la chapelle, se trouve l'ancien palais des ducs de Berry, aujourd'hui le palais de justice. On avait commencé à le construire magnifiquement ; mais il n'a pas été entièrement terminé.

Tu n'es pas loin maintenant de cette fameuse *grosse tour* environnée de plusieurs autres tours moindres, et protectrice de la ville du côté où le chemin est plan et en terre ferme. Je ne pense pas qu'il existe dans le monde une masse de pierres semblable à celle-ci ; on peut cependant en rapprocher soit les tours de Nuremberg, bâties contre les portes de la ville, soit la tour dite de Constance, à Aiguesmortes, en Languedoc. On ne sait qui la construisit ; car, pour l'attribuer à Jules César, nous n'avons aucuns documents historiques, et son architecture ne favorise pas cette opinion. Quelques-uns prétendent qu'elle fut construite à cause de la crainte qu'inspirait Attila, le fléau du monde. En revanche, on sait, comme je l'ai rapporté plus haut, à qui l'on doit l'addition du fossé et des petites tours. En bas elle a deux entrées : de la ville, on y parvient au moyen d'un pont et d'une porte assez large : du fossé de la ville, par une porte étroite, qui donna accès autrefois à des soldats qui avaient noué une intrigue avec des gens de l'intérieur. Ils se croyaient déjà maîtres de la place ; mais ils furent pris et taillés en pièces par La Châtre, gouverneur de la ville et de la tour. Les habitants de Bourges t'apprendront comment ce stratagème fut découvert et comment un contre-stratagème y fut opposé. La partie supérieure n'a qu'une entrée, fort étroite du reste.

On voit dans ce lieu, outre un puits d'une profondeur extraordinaire, qui n'est jamais à sec, et des machines de guerre établies pour le salut de la ville, une baliste d'une grandeur prodigieuse.

Cage de fer.

On y voit encore une chambre en bois grillée et munie de lames de fer, construite à l'instar d'une cage, dans laquelle Louis, duc d'Orléans, et plus tard roi, fut enfermé, dit-on, pour avoir refusé d'épouser la sœur de Charles VIII. On entretient ici une garnison perpétuelle.

L'Hôtel-de-Ville, situé à l'extrémité de l'ancienne cité, occupe à peu près le milieu de la nouvelle ; derrière lui passe la rue des Augustins, qui servait autrefois de fossé d'enceinte, de ce côté. Une ruelle sépare ce monument du collége des Jésuites.

Il ne reste plus aucun vestige de l'amphithéâtre ; son emplacemeut seul a subsisté et s'appelle aujourd'hui *les Arènes*.

Bourges possède plusieurs maisons particulières qui sont magnifiques. La plus splendide de toutes est la *maison de Jacques-Cœur*, appelée ainsi de celui qui la fit construire. Il était argentier du roi, et vivait sous Charles VII. On dit que les chambres y reçoivent la lumière par autant de fenêtres qu'il y a de jours dans l'année. L'une de ces croisées, formée d'un vitrail remarquable, représente l'inauguration solennelle des rois de France. Le peuple prétend qu'on peut se rendre de cette maison à quelques milles de distance par une voûte souterraine.

Bourges renferme deux grandes places. Celle de St-Pierre, ombragée d'un double rang d'arbres, sert de promenade aux étudiants. J'ai oublié le nom de l'autre, qui est un vaste pré situé dans la partie inférieure de la ville, près de la porte de St-Privat.

Va visiter le jardin du jurisconsulte Mercier; tu y verras les portraits de presque tous les légistes de Bourges, qui se sont fait un nom par leurs écrits sur le droit civil.

Sur la route de Dun-le-Roy, on trouve des carrières où l'on taille la pierre pour la construction des édifices. Lorsqu'il fait très-chaud, il n'est pas désagréable de se promener dans les grandes excavations pratiquées à l'intérieur.

La ville possède la dignité archiépiscopale. Cet archevêché lutte avec celui de Bordeaux pour la suprématie de l'Aquitaine.

Il existe à Bourges une université très-célèbre, érigée sous le règne de saint Louis, dans laquelle André Alciat, Baro, Rebuffe, François Baudouin, Duarénus, Antoine Contius, Hugo Donellus, François Hotomanus, Cujas, Mercier ont professé la jurisprudence. Leurs noms sont inscrits sur les murailles de l'auditoire : leurs portraits, je l'ai déjà dit, sont suspendus dans le jardin de Mercier. Ce magistrat prend le plus grand soin de ce trésor, vigilance dont on ne saurait assez le louer.

Il y a ici un présidial et un bailliage duquel dépendent Issoudun, Mehun, Dun-le-Roy et d'autres lieux.

Cette cité eut beaucoup à souffrir, ayant été prise par les Romains, et par les anciens Goths, et plusieurs fois réduite en cendres. Les édifices situés dans le bourg de St-Privat, dans le voisinage du pont d'Auron, et autre part encore, fournissent eux-mêmes la preuve du dommage qu'elle a supporté, car chacun peut facilement reconnaître qu'ils ont été élevés à la hâte et dans une même époque. La ville est ressuscitée cependant, et elle a relevé la tête du milieu des ruines.

Si toutefois, fatigué d'y avoir séjourné, tu veux faire trêve à tes études et chercher quelques distractions, il y a trois endroits où tu pourras te rendre de temps à autre.

Henrichemont.

1° Boibelle. C'était autrefois un bourg insignifiant, exempt pourtant de la juridiction royale. Depuis qu'il a passé de l'illustre duc de Nevers à l'illustre Sully, on l'a vu se transformer en une très-belle ville dont les maisons, surtout celles qui forment la grande place, semblent plutôt des palais. Un travail si remarquable méritait d'être entrepris autre part que dans ce coin rempli de ronces et d'épines. Le célèbre favori de Henri IV, ayant juré de métamorphoser en cité élégante ce réceptacle de voleurs et de filous (ils venaient en effet se réfugier ici, où personne, pas même les huissiers royaux, n'osait les poursuivre), a commencé à tenir parole, et a donné à ce village le nom d'Henrichemont, en mémoire du roi Henri IV, qui aidait l'entreprise par ses libéralités. L'ancien nom de Boibelle avait, dit-on, l'origine suivante: Un roi et une reine étant venus chasser dans ces déserts, la dernière s'écarta par mégarde de sa suite, et, accablée de fatigue, parvint en ce lieu, où une pauvre femme emplissait une cruche de l'eau d'une source. La reine ayant demandé à la paysanne la permission de boire dans son vase, celle-ci frappée de sa beauté et de l'éclat de ses vêtements, lui répondit en avançant sa cruche: *bois, belle*. La reine, en mémoire de ce fait, fit élever à cette place même, une église autour de laquelle il se forma un bourg. Voilà du moins ce que croit le vulgaire, qui répète à qui veut l'entendre cette histoire ou cette fable.

Mehun.

2º Mehun est une ville assez jolie, avec un ancien château, maintenant ruiné. Si tu t'y rends dans la saison convenable, tu verras dans les marais situés à gauche, des myriades de canards sauvages, spectacle agréable pour les yeux.

Issoudun.

5° Issoudun, seconde ville du Berry, assez grande, possède un château, plusieurs églises, tant dans la cité que dans les faubourgs, un bailliage et un présidial. Elle est située dans un lieu qui n'est pas sans charme. Elle s'enorgueillit aussi de sa grosse tour, rivale de celle de Bourges, et nommée de même ; mais les rapprocher l'une de l'autre, c'est comparer un chevreau à sa mère, ou un carlin à un dogue. Dans ce voyage tu passes devant le château de Coudray, auquel un spacieux vivier est contigu ; tu traverses aussi la petite ville de Charost, que Mérula prétend être très-ancienne, d'après plusieurs indices auxquels j'avoue n'avoir pas fait attention.

La Châtre et Argenton sont trop loin pour que je te conseille d'y aller par distraction. Ces deux villes sont bien fortifiées.

L'une est célèbre par ses thermes, l'autre par ses antiquités, et surtout par la tour Héracly sur laquelle on voit un taureau sculpté, avec cette inscription en latin : Je suis venu, j'ai vu, j'ai vaincu.

Comme tu as peut-être l'intention de te rendre de Bourges à Poitiers, je joindrai ici un tableau indicateur de ce voyage. Voici les lieux qu'il faut traverser.

Issoudun, sept lieues.

Châteauroux.

Châteauroux, sur l'Indre, avec un château

magnifique. Cette ville possède le titre de comté, et appartient aujourd'hui à l'illustre prince de Condé. Jusque là les chemins sont très-mauvais lorsqu'il pleut ou par un temps d'hiver. Une lieue plus loin, la terre commence à être sablonneuse, et les eaux du ciel ne la rendent pas si défavorable pour ceux qui veulent voyager. Sept lieues.

Tu passes Luant et Nuret, et tu parviens à Maillé. Six lieues.

Tu passes également Sirou et Ruffec, et Blanc en Berry te reçoit alors. Six lieues.

Il faut traverser ensuite Ingrande, située au bord d'une rivière dont le nom m'échappe. On la passe en bac. Deux lieues.

A une distance égale se trouve Saint-Savin, charmant bourg, où tu peux vivre pour presque rien, dans la cabane de Philémon et Baucis. Deux lieues.

Tu trouves ensuite Chauvigny, avec un château. Quatre lieues.

Poitiers, terme du voyage, est encore à cinq lieues de là.

Il y a des voyageurs qui, pendant l'été, font cette route en trois jours. On peut fournir ce chemin commodément en trois journées et demie. Tu passeras donc la première nuit à Châteauroux ; la seconde au Blanc ; la troisième à Chauvigny. Mais revenons à nos moutons.

Etude du français.

Ayant séjourné à Orléans et à Bourges

jusqu'aux fêtes de Pâques, tu commenceras sans doute à bégayer le français. En conséquence, je veux que tu te rendes dans un endroit où tu puisses apprendre à le parler: c'est-à-dire dans une ville où tes compatriotes n'affluent pas en aussi grand nombre : j'ai nommé Moulins en Bourbonnais. Mais je ne te conseille pas de suivre la route directe. Qu'y verrais-tu, en effet, excepté des forêts, des buissons, et d'affreux villages ? Je mets à part Dun-le-Roy, bien entendu, puisque tu as visité cette ville dans une excursion de plaisir.

Saint-Amand. — Montrond.

Tu partiras le matin de Bourges, et, soit en coupant ton voyage par un rapide repas, soit d'une seule traite comme je l'ai fait, tu gagneras Saint-Amand, ville qui appartient au duc de Sully et qui est fort bien située au milieu d'agréables vignobles. Tout auprès, se trouve le château de Montrond, propriété du même prince, qui l'a fait bâtir sur l'emplacement de l'ancien, et muni de redoutes construites avec la pierre extraite de la roche dans laquelle on a creusé les fossés ; quelques hommes de la garnison parlent allemand ; ils te laisseront volontiers visiter la forteresse, ce que tu pourras faire dans l'espace d'une heure, pendant qu'on préparera le dîner.

Ainay.

A deux lieues de là se trouve Ainay, bourg

muni d'un château fort qui n'est pas méprisable et qui appartient à un seigneur issu d'une excellente famille. Va le visiter, à moins que le temps ne te manque. Nous y fûmes à cause de l'amitié que nous avions contractée à Moulins avec le fils de ce seigneur, et quoique le premier fût alors absent.

Bourbon-l'Archambault.

De Saint-Amand tu te rendras à Bourbon-l'Archambault, ville munie d'un château, et qui a donné son nom au pays et à une famille maintenant royale. Il y a une autre cité de ce nom au-delà de la Loire, en Bourgogne ; c'est Bourbon-Lancy. Leur nom leur vient peut-être de deux frères, barons de Bourbon, dont l'aîné s'appelait *Anceaume*, et l'autre *Archambaut*; à moins que tu n'aimes mieux tirer Lancy de *l'ancien*, parce que celui qui obtint par héritage la cité de Bourgogne était plus âgé que son frère. Le château, situé sur un rocher, est d'un difficile accès et bien fortifié, si ce n'est qu'il est dominé par des collines avoisinantes. Il renferme une Sainte-Chapelle, élevée à l'exemple de celle de Paris, par Jean, duc de Bourbon, où l'on garde une partie de la Sainte-Croix, une épine de la couronne du Christ enfermée dans une boîte de verre, et où l'on voit d'admirables vitraux, et des statues de bois et de marbre parfaitement travaillées. Il y a, au milieu de la ville, des sources très-célèbres, déjà connues du temps des Romains.

A quatre lieues de Bourbon-l'Archambault se trouve Moulins, capitale de tout le Bourbonnais, et qu'il faut regarder comme l'une des villes les plus agréables de toute la France.

Le Bourbonnais.

Le Bourbonnais est borné à l'ouest par la Marche limousine et une partie du Berry, au midi par le Forez et l'Auvergne, au nord par le Nivernais et le Berry, au levant par la Bourgogne. Ses anciens habitants étaient les Boii, tribu des Æduens. Ce pays est couvert en partie de bois et de collines ; et là où les forêts manquent, elles semblent encore exister à cause du grand nombre d'arbres qui marquent les divisions des champs et des vignobles. On y trouve en abondance tout ce qui est nécessaire à la nourriture, mais principalement des poissons excellents que fournissent, soit des étangs, soit la Loire et l'Allier.

Moulins.

La capitale de la province est Moulins, qui tire sans doute son nom de moulins placés jadis sur l'Allier ; cette rivière à la fois navigable et très-poissonneuse, arrose la ville, qui se présente sous l'aspect le plus agréable, au printemps et en été, du moins lorsqu'en venant de Bourges on descend le coteau qui avoisine la cité. Tu ne sais si tu as devant les yeux un jardin ou une forêt, tellement la verdure y abonde, coupée çà et là de sommets de tours et d'édifices. Elle est petite, mais elle a huit faubourgs très-vastes, dont une partie a été enceinte de murailles, soit dans les anciens temps, soit lors des derniers troubles. Ses rues sont propres, ses maisons élégantes. La grande rue a été élargie récemment, au moyen d'un déblaiement qui s'était beaucoup fait attendre. On trouve, aux alentours, des jardins particuliers et des vergers qui ravissent la vue. Il y a aussi deux prairies baignées par l'Allier, appelées *Champbonnet*, où, les jours de fête, tu vois toute la fleur de la ville se promener, le soir surtout, comme à Angers sur le pré des Allemands, et à Lyon sur la place Bellecour.

Les principales églises sont celles de Notre-Dame et de Saint-Pierre. Le collége des Jésuites est dans un faubourg, contre la porte de la route de Paris ; il est assez vaste, et comme celui de Pont-à-Mousson, bien approvisionné d'élèves.

Moulins possède un château autrefois ducal, aujourd'hui royal ; il est de grande dimension, et l'on y voit dans une galerie les portraits des ducs de Bourbon peints d'après nature, mais détériorés par la vétusté. Sa cour renferme une très-jolie fontaine.

On montre dans une des salles le portrait d'un géant, dont on conserve les os à Valence, en Dauphiné. Le duché de Bourbon est le douaire des reines de France, qui ont coutume de tenir ici leur cour après leur veuvage.

Pont à bascule.

Contre le château, il y a un beau jardin où l'on voit une source jaillissante, en forme d'artichaut. On y voit aussi une petite maisonnette entourée d'eau, dans laquelle un pont donne accès; mais comme ce pont est à bascule, s'il n'est pas fixé par un clou de fer, ceux qui veulent le franchir, font une chute assez plaisante. Pendant que je me trouvais là, ceci arriva à trois Anglais qui parcouraient le jardin sans guide; les deux premiers ayant fait le saut fatal, le troisième, pour que le sort leur fût commun en tout point, ayant passé outre, sauta dans l'eau qui est assez fangeuse dans cet endroit. On cultive dans un jardin réservé les orangers, les citronniers et d'autres arbres précieux.

A une lieue environ de Moulins se trouve un vivier, appelé communément *le Parc*; on y voit une promenade charmante, comme on en rencontre partout, du reste, quel que soit le côté par où l'on sorte de la ville. Je pourrais te servir de guide pendant huit jours, sans te faire jamais prendre le même chemin.

Coutellerie de Moulins.

Dans les faubourgs, mais principalement dans celui qui tire son nom du couvent des

Carmélites, vivent un grand nombre d'artisans qui fabriquent des couteaux et des ciseaux d'une excellence reconnue. Lorsque les étrangers arrivent dans les auberges, des femmes se pressent autour d'eux pour leur offrir des marchandises de cette nature.

Si tu veux rester dans cette ville un certain temps, tu pourras profiter des conseils de plusieurs personnes extrêmement bienveillantes envers les étrangers : le noble seigneur Billard Courgenay, homme très érudit, excellent poète latin et français, et capitaine du château-royal. Il y a encore l'obligeant Monsieur Cordier, commerçant, auquel il faut joindre son fils. Voilà ceux qui te renseigneront sur la manière de te loger commodément, et qui rempliront envers toi les devoirs de la civilité. Aie soin aussi de ne pas négliger le conseiller royal et juge criminel Gaulmin, savant jeune encore, mais qui n'a pas son pareil en France pour l'étendue des connaissances. Nous avons parlé de lui en termes convenables, quoique bien inférieurs à son mérite, dans un éloge qui a été imprimé en Allemagne. Si tu aimes et si tu estimes les lettres et les lettrés, ce sera pour toi un honneur et un plaisir de rendre visite à un tel homme et de jouir de sa conversation. N'oublie pas non plus l'illustre Duret, qui préside aussi au droit et à la justice ; tous ceux qui ont lu son *Trésor des langues*, admirent sa science profonde. J'ajoute encore

N. de la Valle, cosmographe royal, duquel il existe un livre en français sur l'institution du prince, et qui est tenu par tout le monde en grande estime. Il me serait facile d'en nommer bien d'autres encore, car le nombre des hommes distingués équivaut ici à une foule ; mais va toi-même leur parler et les entendre.

Tu pourras te lier très-facilement aussi avec les jeunes gens du pays et vivre de la sorte dans une honnête gaieté, comme c'est l'usage du lieu. On t'invitera à des festins, à des parties de plaisir ; on te mènera à la campagne et au bal. Tu passeras ainsi la vie très-joyeusement au milieu des beautés de Moulins.

J'ajoute encore deux mots à la description de cette ville. Elle est gouvernée aujourd'hui ainsi que la province, par l'illustre Saint-Géran, seigneur de La Palisse, personnage extrêmement affable, malgré son rang, et que nous avons eu l'honneur de saluer deux fois. Il aime beaucoup les étrangers. Aussi nous avait-il recommandés à Billard, qui tenait sa place en son absence, comme si nous eussions été de sa famille. Cette bienveillance ne nous fut pas inutile, pour nous servir à confondre les détracteurs et les calomniateurs que l'envie et la jalousie portaient à nous accabler d'accusations mensongères.

93.

L'Auvergne.

Il te reste une chose à faire, négligée par moi, à mon grand regret. C'est de te rendre d'ici en Auvergne sur des chevaux de louage, avec tes compagnons, si tu en as, pour visiter ces peuples déjà célèbres chez les anciens, et voir ce trio de villes fameuses : Clermont, Montferrand, Riom (1).

St-Etienne. — Roanne.

Si le temps et la commodité te le permettent, tu pourras revenir à Moulins par le Forez, en visitant St-Etienne, fabrique d'armes blanches et d'armes à feu, établie en ce lieu à cause de l'abondance des eaux et du charbon qu'il

---

(1) Il est regrettable que Jodocus n'ait pas visité l'Auvergne en détail ; il nous aurait fait connaître ce qu'il fallait penser du passage suivant de Mérula : « A une petite distance de la ville de Besse, en Auvergne, se trouve une montagne dans laquelle est un lac s'étendant au loin, et si profond qu'on croit qu'il n'a pas de fond. Autant qu'on en peut juger par l'apparence, aucune source ne l'alimente. Si l'on s'avise d'y jeter une pierre, aussitôt le tonnerre gronde, les éclairs brillent, la pluie et la grêle vous fouettent le visage. Non loin de là est une grotte, dont l'embouchure est ronde, nommée dans le peuple *creux de soucis*, et un précipice dans lequel, lorsqu'on y jette une pierre et qu'on applique l'oreille, on entend retentir un bruit prolongé semblable à celui d'un tonnerre lointain. MERULÆ *Cosmograph.* caput X.

fournit ; Montbrison , Saint-Germain-Laval , célèbres tous deux par leurs excellents vins ; Roanne , simple bourg qui l'emporte sur de grandes cités par son élégance ; et enfin LaPalisse, petite ville munie d'un château fort. Je n'ai rien à dire de ces lieux (Roanne et La Palisse exceptés), car ne les ayant pas vus, je ne veux pas me borner à rapporter les paroles d'autrui.

Vers la fin de mai , tu diras adieu à Moulins et tu te rendras à Nevers , ville qui a pris son nom d'une rivière appelée la Nièvre , et qui a donné le sien au Nivernais. Elle s'appelait autrefois Noviodunum et appartenait aux Æduens. Ce pays abonde en pâturages , d'où il résulte que les habitants cultivent surtout l'industrie du bétail. Il est arrosé par trois fleuves navigables , l'Yonne ., l'Allier et la Loire. C'était autrefois un comté; c'est aujourd'hui un duché que Charlotte , fille unique et héritière de Jean, duc de Nevers , apporta en dot à Louis de Gonzague , marquis de Mantoue. Celui-ci après une brillante carrière, laissa pour héritier de ses vertus et de sa richesse, Charles de Gonzague , l'honneur des princes , qui gouverne le duché aujourd'hui , et qui , je l'espère, le gouvernera longtemps. Nous avons expérimenté nous-même l'extrême bienveillance de ce seigneur , lorsqu'au mois de septembre de l'année 1611, nous nous rendîmes à Nevers, pour assister au baptême d'une princesse nouvellement née , et que nous y séjournâmes pendant quinze jours. Par une bonté sans égale, il avait ordonné à ses officiers et à ses gardes suisses de nous laisser pénétrer librement dans tous les lieux ordinairement réservés pour lui seul. Je ne dirai pas comment il s'acquitta de son rôle, dans un ballet où l'on figura l'image de trois grues et de neuf pygmées, et toutes les fois que l'on joua la comédie. Tu vénèreras ce prince, et, si tu le peux, tu contracteras amitié avec son chambellan Gilles Polens, de Maestricht, que tu le rencontres dans cette ville ou à Paris. Cette liaison te sera fort avantageuse.

La hauteur des tours donne à Nevers une physionomie noble et magnifique, surtout lorsqu'on arrive de Bourbon-l'Archambault.

La cathédrale, consacrée à St-Cyr, est grande et belle ; elle possède une tour décorée à l'extérieur de sculptures intéressantes. Dans le chœur se trouve un monument de marbre, élevé à la mémoire de Louis de Gonzague, duc de Nevers.

Dans la même église, vis-à-vis l'entrée, lorsqu'on pénètre par la porte qui regarde le pont, on remarque ces vers léonins, écrits en caractère gothique :

Erras si speres, quod plus te diligit hæres,
Sub terra positum quam tu te diligis ipsum,
Da bona quæ tua sunt, post mortem quæ tua non sunt.

A gauche de la même entrée, tu verras l'élégante chapelle funéraire de la famille de Fontenay. On a écrit ces paroles sur la porte:

« Sème pendant ta vie ; la moisson sera abondante : mais si tu laisses passer le temps des semailles, les germes périront sans donner de fruits. »

Je ne te détaillerai pas les autres églises, et ne te décrirai pas le collége des jésuites ; tu verras ces édifices par toi-même.

L'ancien château des ducs de Nevers est un monument remarquable auquel on a ajouté récemment de nouvelles constructions entourant une grande place de forme carrée : ouvrage digne d'un si noble seigneur.

Cabinet de curiosités.

Il faut surtout visiter le *cabinet du prince*. Il renferme une table de marbre d'un grand prix, sur laquelle est posée une tablette de même matière, opaque en apparence, mais translucide dès qu'on la regarde au soleil ou à la lueur d'une lampe, et dans laquelle la nature et l'art se réunissant, ont dessiné des figures excessivement curieuses. Une vue de Nevers était suspendue à la muraille, et dans une galerie voisine on avait peint des hommes de tout genre vendant les denrées dont on fait commerce dans la capitale et criant *les cris de Paris*.

Hors de la ville se trouve un petit bois où

l'on a ménagé une place pour jouer à la paume ; cet endroit, nommé *paille-maille*, est fort commode pour qui veut éviter les chaleurs de l'été.

Je dois encore mentionner le pont jeté sur la Loire ; il était déjà très grand auparavant ; mais depuis les fréquentes inondations du fleuve, on l'a allongé encore davantage.

Moulins a vu naître Ravisius Textor, célèbre par son trésor d'épithètes latines.

Si tu veux vivre très-bien pour un prix modique, va te loger dans cette ville, à l'auberge de la *Fleur de lis*.

Il ne serait pas mauvais de rester quinze jours à Moulins, à moins que tu n'aies la possibilité d'y séjourner davantage.

Pougues.

Tu pourras, pendant cet intervalle de temps, visiter la source de Pougues, la plus célèbre de toute la France. Quand tu auras franchi les deux lieues qui la séparent de Moulins, tu y trouveras rassemblées, dans cette saison du moins, quantité de personnes illustres qui viennent soigner leur santé. Decize, ville forte, appartenant au duc de Nevers, mérite aussi l'honneur d'une visite.

Nous voici au milieu de juin, d'après la manière dont nous avons distribué le temps. Tu montes en galiote pour retourner à Orléans. Tu aperçois à droite en descendant, d'abondants vignobles, et à un mille environ tu vois l'Allier se joindre à la Loire. Un village, qui s'est élevé en cet endroit même, a reçu de cette circonstance le nom de Conflans. Ceux qui viennent de Moulins ici sur l'Allier, traversent un lieu appelé *rue de Paradis,* près duquel se trouve aussi *la rue d'Enfer.* Quand à ceux qui prennent la voie de terre, il leur faut traverser un endroit qui porte le même surnom que le dernier, et qu'il leur est très-difficile de franchir dans la mauvaise saison.

La Charité-sur-Loire.

Lorsque tu as laissé Conflans derrière toi, la première ville qui t'accueille est la Charité, qui a souvent figuré dans les guerres civiles. En 1577 elle fut assiégée au nom de Charles IX par les ducs d'Anjou, de Guise, de Nevers et d'Aumale, et obligée de se rendre. Elle est située sur la rive droite de la Loire, et son terroir produit un vin très-généreux.

Sancerre.

La seconde ville est Sancerre, qui, bien que située à environ cinq cents pas de la Loire, occupe une colline dont le fleuve baigne la base. On trouve sur la rive une auberge appelée vulgairement *le port de St-Thiébault,* du bourg de St-Thiébault qui est dans le voisinage. On a proposé diverses étymologies peu vraisemblables pour expliquer le nom de Sancerre.

Au lieu de m'arrêter sur elles, j'aime mieux renvoyer le lecteur à la brève et énergique description que l'historien de Thou a faite de cette ville. Il s'étend sur les malheurs qu'elle a subis, et sur le fameux siége de 1573, qui nous force à croire ce qu'on raconte de ceux de Samarie, de Jérusalem et de Numance, puisqu'après avoir été contraints de dévorer les aliments les plus ignobles, les habitants finirent par manger de la chair humaine. Réduite à une telle extrémité, la cité fut forcée de se rendre au seigneur de la Châtre qui en abattit les remparts.

Les femmes sont d'une taille extraordinaire dans ce pays et on dit qu'elles ont aussi quelque chose de viril dans le caractère. Ce qu'il y a de certain, c'est qu'elles se conduisirent très-courageusement pendant le siége. Nous en vîmes une qui avait vaillamment porté le mousquet, monté la garde, et qui s'était très-bien montrée, en s'opposant aux efforts des assiégeants. Lorsque je visitai Sancerre, on avait abandonné la restauration des remparts commencée quelques années auparavant.

Je n'ai pas navigué sur la Loire de là jusqu'à Orléans. Tu devras cependant traverser Gien, ville assez remarquable que certains considèrent comme l'ancien *Genabum* ; mais ils ont été réfutés par Scaliger et par Mérula ; tu verras ensuite Jargeau, dont j'ai parlé plus haut.

Etant revenu à Orléans où tu as déjà séjourné, tu pourras t'y reposer pendant quelques jours, et déscendre ensuite à Blois, ville pour laquelle il y a des départs quotidiens, à très-bon marché.

Beaugency.

Tu traverseras les villes de Mehun-sur-Loire, qu'il ne faut pas confondre avec Mehun en Berry, et Beaugency; l'une et l'autre sont situées sur la rive droite de la Loire, la dernière dans un territoire très-fertile : on compte sept lieues d'Orléans jusque-là. Ceux qui veulent éviter la capitale de l'Orléanais, où la trop grande affluence de leurs compatriotes les obligeant à parler leur langue maternelle, nuit à l'étude du français, se retirent à Beaugency, pour n'être point troublés. Six lieues plus bas se trouve la petite ville de St-Dié. Les voyageurs qui désirent profiter du temps peuvent quitter ici le bateau, et se rendre au château de Chambord et de là à Blois, soit dans une voiture de louage, soit à cheval, soit sur leurs jambes, s'ils sont moins délicats.

Chambord.

Le château de Chambord est entouré de plaines fertiles, de forêts giboyeuses, de villages et de bourgs très-peuplés. François Ier en fit commencer la construction, d'une manière tout-à-fait magnifique et royale, au moment où revenant de sa captivité en Espagne, il élevait près de Paris une image de Madrid ; cet édifice n'a pas été achevé quoiqu'on y ait occupé dix-huit cents ouvriers pendant douze ans. Il est d'une élégance merveilleuse. Les voyageurs se plaisent à admirer de loin les tourelles qui le décorent et les cheminées qui affectent la même forme.

On y monte par un double escalier à vis extrêmement large et construit de telle sorte que ceux qui s'avancent par chacune des deux spirales peuvent parler ensemble sans se voir. Le nombre des degrés est de deux cent soixante-quatorze. Lorsque tu es tout en haut, amuse-toi à laisser tomber par le trou du milieu une balle, un fruit, ou tout autre chose, qui s'échappe en ligne droite. Le château est arrosé par un ruisseau poissonneux, qu'on a commencé à conduire circulairement afin de pouvoir tourner en barque autour de l'édifice. On voit de toutes parts sur les murailles des noms écrits au charbon; nous y avons lu, à notre grande hilarité, celui d'un certain Videbrand, natif de la Frise, répété plus de cent fois dans tous les coins.

Blois.

Il te reste alors trois lieues à faire sur une route charmante pour atteindre Blois. Cette ville, qui jouit du titre de comté, est située sur la rive droite de la Loire; de l'autre côté de la rivière se trouve un faubourg réuni à la cité par un pont de pierre sur lequel on voit une pyramide élevée en 1598 et attestant par une inscription, qu'Henri IV a fait restaurer ce pont détruit pendant les guerres civiles.

Salubrité du climat.

C'est ici que le climat de la France est le plus salubre ; aussi les rois préférèrent-ils y venir vivre pour l'avantage de leur santé, et désignèrent-ils cette ville ainsi qu'Amboise pour le lieu d'éducation de leurs enfants. Les campagnes d'alentour sont remplies de vignes, de guérets, d'arbres fruitiers : des fontaines limpides, des ruisseaux transparents y font entendre leur agréable murmure. Le vin est à la fois excellent et très-salutaire.

Terre sigillée.

On recueille dans le voisinage une terre sigillée qui n'est pas inférieure aux bols turcs. Les habitants s'occupent surtout d'agriculture et de commerce. Les industries les plus remarquables sont celle des orfèvres, dont on vante surtout les horloges, et celle des selliers, à qui les chasses voisines fournissent en quantité suffisante les peaux de chevreuils nécessaires à ce commerce.

Le français en Touraine.

Le français qu'on parle en ce pays est extrêmement pur, non-seulement à Blois, mais aussi dans la campagne et dans les villes voisines. Maubas l'enseigne aux étrangers, et tout le monde lui accorde la palme de sa profession. Il existe de lui des préceptes et des observations très-savamment écrits; mais ils ne sont pas faits pour la foule, et sont utiles moins aux commençants qu'à ceux qui parlent déjà un peu.

Mœurs des habitants.

Les habitants sont on ne peut plus civils et complaisants envers les étrangers ; leur propreté, leur élégance va jusqu'à la recherche. Les rues de cette ville sont étroites et disposées sans ordre ni règle ; mais on n'y trouve pas de boue. Les maisons sont construites en pierre, et couvertes d'une substance bleuâtre, que le vulgaire nomme *ardoise*.

Château royal.

Le château royal est superbe. On dit qu'il fut fondé primitivement par Gédon, parent de Rollon, premier duc de Normandie ; mais ses fondateurs modernes furent Louis XII et François Ier dont on voit les symboles de côté et d'autre, à savoir un hérisson pour le premier, et une salamandre pour le second. A l'entrée tu aperçois Louis XII à cheval, avec un hérisson sculpté, et quatre vers latins qui font l'éloge du monarque.

Dans l'intérieur il faut visiter un moulin mu par des chevaux, le lieu où fut tué le duc de Guise, celui où son frère le cardinal fut retenu captif jusqu'à ce qu'on l'eût étranglé ; l'endroit où la reine mère Catherine de Médicis avait coutume de se promener ; la chambre dans laquelle elle mourut; une autre où l'on voit des peintures très-élégantes, et surtout six tableaux représentant des légumes, des oiseaux, des fruits, etc.

Jardin royal.

Contre le château se trouve le beau jardin royal. Il est divisé en deux parties, l'une supérieure, l'autre inférieure. Tu y verras une galerie longue de trois cents pas, sous laquelle court un sous-portique ouvert du côté qui regarde le jardin inférieur. Une promenade délicieuse et parfaitement ombragée au moyen d'arbres plantés régulièrement, mène d'ici jusqu'à un bois éloigné d'une demi-lieue. On descend par deux endroits du jardin supérieur dans l'inférieur, qui renferme une double citerne et une fontaine d'eau jaillissante couverte d'un toit de bois très-ingénieusement fabriqué. Dans une allée du jardin inférieur, on a représenté un cerf pris du temps de Louis XII, et dont le bois avait vingt-quatre branches.

Eglise de St-Sauveur.

En quittant le château, va visiter l'église de St-

Sauveur, où sont les magnifiques tombeaux de Louis et de Guy, comtes de Blois, ainsi que les sépulcres d'autres seigneurs ; une chapelle de cet édifice renferme le corps de la reine mère, mais sans aucune pompe extérieure.

Jeu de paume.

On voit aussi en ce lieu un jeu de paume comme il n'y en a guère, puisqu'il a cinquante-sept pas de long sur vingt de large. Il passe pour le plus grand de toute la France; mais j'ai entendu dire la même chose de celui de St-Germain.

Aqueduc.

Le voisinage renferme d'admirables ruines d'anciens aqueducs, construits sans aucun doute par les Romains, et d'une largeur telle que trois chevaux peuvent y passer de front.

Orchaize.

A deux lieues de là se trouve une localité qu'on appelle Orchaize; les habitants prétendent qu'elle servait de grenier à Jules César.

Si par hasard ta commodité, ou l'élégance du lieu, ou l'aimable caractère des habitants et la salubrité du climat t'engagent à faire un certain séjour dans le pays, tu pourras visiter les endroits qui suivent :

Buzy.

D'abord le magnifique château de Buzy, situé à trois lieues. On voit au milieu de la cour une colonne d'airain sur laquelle est une statue du roi David, estimée d'un grand prix : On dit qu'elle a été apportée de Rome il y a près d'un siècle.

Tu verras dans le même endroit de nombreux portraits d'empereurs et de rois, et celui de ce moine célèbre qui inventa la poudre à canon et conséquemment les bombardes. Tu pourras visiter du même coup Orchaize et la fosse d'où l'on extrait la terre sigillée.

Vendôme.

Vendôme, autrefois comté, aujourd'hui duché, est situé au pied d'une colline, sur la rive du Loir, rivière très-poissonneuse. Le coteau qui lui fait face fournit de très-bons vins. A côté s'élève un château muni de quatre redoutes.

Lac merveilleux.

On raconte quelque chose de bien extraordinaire au sujet du lac qui l'avoisine : pendant sept années, dit-on, il est rempli d'eau; pendant sept autres années, il est à sec ; et, dans ce dernier cas, on y aperçoit des abîmes et des cavernes, dans lesquelles l'eau reparaît au temps fixé. Lorsque celle-ci revient, les habitants prédisent d'après des observations certaines le degré de fertilité des sept années subséquentes.

Châteaudun.

Châteaudun, ville munie d'un château et située sur une colline élevée au bord du Loir, est fortifiée par l'art et par la nature du lieu. Les faubourgs sont étendus et renferment des maisons plus belles que celles de la ville. Celle-ci a été cruellement éprouvée dans les dernières guerres civiles ; néanmoins les citoyens l'ont restaurée de leur mieux, justifiant ainsi la devise inscrite au bas des armes de la cité : *Extincta revivisco*.

Mais continuons notre voyage, et montons de nouveau dans notre petit bâtiment.

Amboise.

Après avoir vu à gauche le château de Chaumont, qui se dessine magnifiquement dans la campagne, et avoir passé beaucoup d'habitations souterraines, tu arriveras à Amboise, situé dans un pays qui n'est inférieur à aucun autre pour le charme du coup d'œil et la bonté du climat : en effet, cette ville avait été choisie, aussi bien que Blois, pour servir de lieu de plaisance aux rois et aux enfants de ceux-ci. Si Blois a plus d'étendue, ici les maisons sont plus élégantes. Les environs ne laissent rien à désirer et fournissent les tables d'une nourriture succulente. Ne manque pas de visiter le château, situé sur la hauteur voisine. Tu y admireras la grosseur des tours s'élevant du niveau de la rive jusqu'au sommet de la colline.

On montre, suspendue dans la chapelle du château, un bois de cerf d'une grandeur immense et dont les dents sont très-nombreuses. Les uns le croient véritable, les autres artificiel. Il faut partager l'opinion de ces derniers. Fais-toi conduire dans les chambres et dans les cours; visite l'arsenal rempli de grands canons, et le lieu où Charles VIII mourut subitement d'une mort misérable. On voit, peints sur la muraille, un mari et une femme, tous deux très-gros et de grande taille, avec une couple de brebis indiennes. Je ne sais quel office ils remplissaient dans le château; mais on raconte que lorsqu'ils eurent fermé les yeux, ces deux bêtes ne tardèrent pas à les suivre.

Chenonceau.

A trois milles d'ici et à douze de Blois se trouve le château de Chenonceau, construit par la reine Catherine de Médicis. Je ne l'ai pas visité. On dit qu'il renferme des statues de marbre apportées à grands frais d'Italie, et entr'autres une statue de Scipion l'Africain en pierre de Lydie. Tu verras toutes ces choses et d'autres encore par toi-même, si tu juges à propos de visiter Chenonceau.

Mont-Louis.

En descendant d'Amboise, on passe devant le bourg de Mont-Louis, qui ne renferme pour ainsi dire aucune maison s'élevant au-dessus de la superficie du sol, mais qui consiste en quelques centaines d'habitations creusées dans la roche, et dont les cheminées surgissent au milieu du gazon vert, spectacle extraordinaire pour ceux qui n'y sont pas accoutumés ! Du reste, tu verras en Touraine et dans les régions voisines, plusieurs bourgs construits de la sorte.

Tours.

Bientôt la ville de Tours se présentera à tes yeux. Elle est située au confluent de la Loire et du Cher, dans ce pays qu'on a appelé *jardin de la France,* à cause de son aspect délicieux ; le géographe Ortelius l'a surnommé avec raison la plus charmante de toutes les contrées. C'est la Touraine, dont les habitants s'appellent Tourangeaux : quelques-uns prétendent faire venir son nom du Turnus de Virgile, dont ils montrent le tombeau non loin de là. D'autres ont recours aux Troyens. C'est la coutume de beaucoup de nations de chercher à rehausser leur gloire en prétendant se rattacher aux peuples les plus célèbres de l'antiquité.

Elégance de la ville.

La ville est très-élégante ; ses rues sont longues et propres, ses maisons revêtues extérieurement d'ardoises. C'est une métropole qui a eu entre autres pour archevêques, St. Martin et Grégoire de Tours : elle a plusieurs évêchés suffragants, presque tous en Bretagne, il faut noter dans le nombre ceux d'Angers et du Mans. Sous Henri III, le parlement de Paris fut transféré ici.

Commerce.

On fait dans cette ville un grand commerce de soie et de laine, et l'on y pratique la teinture, surtout celle de la soie, plus que dans tout autre lieu du royaume. Les habitants tirent aussi un grand profit de leurs champs, de leurs vignes, de leurs jardins et de leurs prés.

Défaite des Sarrazins.

Cette cité est surtout célèbre pour avoir vu l'illustre Charles Martel tailler en pièces dans son voisinage une innombrable armée de Sarrazins. Il est remarquable, dit Mérula, que les campagnards aient conservé la mémoire de ce fait comme s'il était récent.

Horloge merveilleuse.

L'église de St-Gratien, construite par les Anglais, est très-élégante. Tu verras dans un des angles une horloge qui indique les jours de l'année, ceux de la semaine, la croissance et la décroissance de la lune. Une petite sonnerie annonce l'office de la messe, et l'on voit alors s'ouvrir une porte et sortir une file de prêtres. Près du chœur il y a une chapelle remarquable par ses colonnes de bois sculptées rehaussées d'or. L'église a deux tours, du haut desquelles on domine toute la ville.

L'église de St-Martin.

Une autre église fort considérable, mais un peu obscure, est celle de St-Martin. On y voit le tombeau du saint, environné de grilles de fer. Des vers latins inscrits sur une dalle rappellent que, pendant les guerres civiles, les os du bienheureux furent jetés au feu. On dit que ce sacrilége fut accompli sous le roi Charles IX, le 24 juin 1592.

Ce personnage jouit autrefois d'une grande vénération, comme le prouve l'usage où étaient les descendants de Pharamond de prendre ses reliques à témoin lorsqu'ils voulaient conclure un traité de paix ou un mariage. Cette église possède en outre un bel orgue et un autel magnifique.

St-Saturnin.

Dans celle de St-Saturnin, tu verras un tableau fort bien peint représentant la résurrection de Notre-Seigneur.

Le château qui domine la Loire est en mauvais état et laisse voir l'action des années ; il est célèbre par le commandement de l'illustre duc de Guise. Un peu avant notre arrivée, une tour s'était écroulée, pendant la nuit, dans le fossé, ensevelissant quatre prisonniers sous ses ruines.

Les faubourgs sont beaux et grands ; l'un d'eux, situé au-delà de la Loire, est relié à la ville par un pont élégant. Il faut habiter celui qui touche le fleuve. On trouve là deux auberges, l'une à l'enseigne des Trois-Rois, l'autre à l'enseigne des Trois-Maures; à l'époque où j'habitais Tours, chacune d'elles appartenait à une veuve. On appelait la première en plaisantant *la mère des Allemands.* Chez l'autre, qu'on avait surnommée *Gogueline*, se trouvaient les chevaux de la poste. Nous passâmes quatre jours chez cette dernière, et nous ne nous souvenons pas d'avoir été reçus nulle part aussi bien, à si bon marché.

Cabinet de Monsieur le Chantre.

Ne manque pas de visiter dans cette ville le cabinet d'un certain chanoine, *Monsieur le Chantre*, excellent vieillard, qui possède de rares curiosités. Tu verras chez lui : une pierre servant à circoncire les enfants juifs; une coupe faite de corne de licorne et n'admettant aucun poison ; une autre, faite d'ambre ; une main de pierre où les veines apparaissent comme sur une main naturelle, et qui fut donnée par un roi d'Espagne à un certain noble duquel on l'acheta plus tard ; deux lares ; un portrait d'Alexandre-le-Grand; une corne de cerf marin; un squelette d'enfant, haut de deux phalanges et demi, mais qu'on prétend néanmoins avoir vécu et avoir été baptisé ; un caméléon ; des sicles de Judée;des peaux de serpents énormes; deux basilics ; un drap d'écorce ou natte, sur lequel dorment les Indiens sauvages; une curieuse peinture de l'enfer ; une pierre qui, entourée de fil et jetée dans le feu, préserve le fil de l'action des flammes; d'anciennes médailles d'or,d'argent et de bronze, et beaucoup de choses encore.

D'autres écrivains ont remarqué qu'on voyait chez un procureur qui avait voyagé longtemps en Espagne et dans les Indes, trois choses rares : le glaive de Roland, un livre de géographie et d'hydrographie très-bien écrit sur parchemin, le phallus de la licorne plus efficace encore que sa corne contre le poison. Je n'ai rien vu de tout cela par moi-même; mais il n'était pas juste de te priver de la possibilité de contempler ces curiosités.

Le Callemaille.

Tu pourras t'aller divertir dans un lieu de plaisir appelé Callemaille. En y arrivant, tu te croiras transporté dans la vallée de Tempé, et tu seras émerveillé du charme de cette promenade. Elle est longue de plus de mille pas et ombragée par sept rangées d'arbres épais. Lorsqu'il pleut, il est défendu d'y jouer sous peine d'une amende de dix livres, et on ne peut s'y promener que si le sol est suffisamment sec.

Hors de la ville, il faudra visiter les lieux qui suivent :

Marmoutiers.

1° Un grand monastère, situé au-delà de la Loire, appelé Marmoutiers. Une barque de louage vous y mène. Il est adossé à une colline, bien construit, et très vaste. On dit qu'il doit sa fondation à St. Martin. L'église est fort belle et reçoit le jour par trois fenêtres en forme de roses. On monte à la maison abbatiale par de nombreux degrés. Celle-ci conserve une ampoule envoyée du ciel, comme celle de Reims, pour oindre les rois. Elle servit à Henri IV. Si tu désires la voir, tu n'y arriveras pas facilement.

Plessis-les-Tours.

2° Le château du Plessis, rempli de chambres superbes et d'admirables galeries. C'est ici que le roi se retire, lorsqu'il vient à Tours. Tu croirais que ce lieu est situé au milieu d'un jardin. Il possède un charmant verger. Non loin se trouve l'église de St-Côme, où Ronsart, l'Homère des poètes français, a été enterré.

5° Le monastère des Capucins, construction remarquable, élevé récemment sur une colline au-delà du fleuve.

La cave gouttière.

4° *La cave-gouttière*, caverne située à deux lieues de la ville. Ceux qui la visitent doivent se munir de torches. Pendant l'hiver, elle est tiède ; en été, au contraire, il y règne un grand froid. On y voit distiller goutte à goutte une eau qui, dans sa chute se change en une pierre tellement dure qu'on peut à peine la briser à coups de marteau.

Loches.

Si tu veux t'écarter encore davantage de Tours, tu peux aller voir Loches sur Indre, qui possède un château assis sur la roche dure. Il est inaccessible. On le compte parmi les premières forteresses de France. Le vulgaire rapporte qu'on trouva autrefois dans les souterrains de ce château le corps d'un homme d'une taille extraordinaire ; ses os prouvent, dit Mérula, qu'il avait huit pieds de haut ; lorsqu'on pénétra dans le caveau, on le vit assis sur une grande pierre et tenant sa tête dans ses mains. Tout près de là est le monastère de Beaulieu, où l'on remarque une pyramide portant une inscription en lettres gothiques. A une certaine distance se trouve le château de Paulmy, un des plus beaux de toute la France.

Chinon.

Ajoute aussi Chinon, qui vit naître Rabelais, et où Jeanne d'Arc fut conduite pour la première fois devant Charles VII.

Saumur.

De Tours on descend à Saumur, ville du duché d'Anjou. Elle est petite, si tu considères son enceinte, mais des plus vastes si tu fais attention à ses élégants faubourgs. Un beau pont est jeté sur la Loire, à l'entrée duquel tu trouves une place fort commode, où, toute les fois que le temps est serein, un grand nombre d'habitants viennent prendre le plaisir de la promenade. La Loire forme là quelques îles qui sont habitées. Le faubourg situé sur l'autre rive, est bien fortifié, et muni d'une grosse tour, d'un pont et d'un fossé. La ville elle-même est placée au pied d'une colline que domine un chateau fort. Celui-ci est garni, du côté de la cité, de trois éperons formés d'énormes pierres carrées. Du côté de la campagne, il est muni d'un bastion de terre et d'un fossé; mais ce travail n'a pas été terminé. Je n'ai vu nulle part un paysage plus agréable que du haut de ce château, d'où la vue se promène, soit sur la Loire, soit sur des plaines couvertes d'arbres à perte de vue. Les murailles de la ville sont pittoresques et les tours qui les coupent se répondent les unes aux autres. Saumur est une des cités qui furent données en **gage** à ceux qui tirent leur nom de la religion. Ils ont là une belle église.

Affluence des étrangers.

Le charme du lieu et le bon marché de la vie attirent à Saumur beaucoup d'Allemands, de Belges et d'Anglais : mais une autre raison les fait affluer ici, c'est le grand nombre de maîtres en toutes sortes d'exercices auxquels s'appliquent les étrangers.

Notre-Dame d'Ardilliers.

A l'extrémité du faubourg où passe la Loire, il y a une chapelle dédiée à *Notre-Dame d'Ardilliers*; elle est très-célèbre pour les guérisons miraculeuses qui s'y font. Il existe sur ce sujet un petit livre écrit en langue française. Du même côté, à un demi-mille environ, on rencontre des carrières, dans lesquelles on peut faire un long chemin sous terre. Comme elles sont très-fraîches pendant la saison chaude, prends garde d'y entrer quand tu es en nage.

Le Chardonnet. — Abbaye de St-Florent.

De l'autre côté s'étend un grand pré appelé le *Chardonnet*; en le traversant, tu arrives à l'abbaye de St-Florent, construction importante, très-bien fortifiée. On y montre deux brèches faites par les canons de l'amiral Coligny, lorsque celui-ci vint assiéger le monastère et le forcer de capituler. Revenu d'excursions aussi nombreuses, la grande chaleur t'aura donné soif sans doute et tu seras désireux de boire un verre de vin tiré d'un cellier bien frais ; va-t'en donc à l'enseigne du *Mûrier* : il te serait difficile de trouver mieux.

Tu es parvenu ici vers le milieu de juillet, si tu as suivi le plan de voyage que je t'ai tracé. Il y faut rester environ jusqu'à la moitié d'août.

Pendant ce temps je veux que tu ailles visiter en deux excursions différentes celles des localités voisines qui sont dignes d'attention ; tu feras cela à ton arrivée, après avoir arrêté un logis, mais sans t'y installer cependant, afin d'économiser la dépense de deux ou trois jours.

La Flèche.

La Flèche, ville très-bien située sur la Mayenne. Elle est digne d'être habitée par les muses.

Henri-le-Grand, qui l'avait pour lieu de prédilection, l'a dotée d'un palais magnifique qu'il a concédé aux jésuites pour leur servir de collége. L'édifice est énorme, l'église admirable. Il suffirait à contenir trois rois avec toute leur suite. Dans la chapelle au-dessus des degrés de l'autel, tu vois un petit coffre d'or ou doré en forme de cœur, dans lequel on conserve le cœur d'Henri IV. Descends à l'hôtel des *Quatre-Vents*, tu y seras bien. Tu emploieras un jour pour l'aller, un jour pour le séjour, un jour pour le retour, à moins que, pourvu d'un très-bon cheval et quittant Saumur de très-grand matin, tu puisses, comme je l'ai fait moi-même, n'employer que deux journées à ce petit voyage. Tu te referas, toi et ta monture, dans la ville de Beaugé.

Brézé.

Une autre excursion, qui ne te prendra également que deux jours, si tu pars de très-bonne heure, te permettra de visiter les localités suivantes :

Le château de Brézé environné d'un grand fossé et d'innombrables cavernes souterraines, et, en conséquence, si la garnison était bien approvisionnée, presque inexpugnable, quand même on raserait toutes les tours au niveau du sol. On y montre un jeu de paume dans lequel un des gardes, qui s'était endormi à son poste, tomba d'un endroit assez élevé. Un élégant jardin est tout proche; il est remarquable par la quantité de cyprès qu'il renferme.

Loudun.

Répare les forces de ton coursier au moyen d'une modique provision de foin et d'avoine, afin qu'il puisse te mener à Loudun, ville qu'on croit avoir été fondée par Jules César. Prends pour mentor un homme excellent et nullement dépourvu d'instruction, je veux dire *Monsieur du Peyrat*, qui était mon hôte lorsque je voyageais de ce côté. Il aime fort les étrangers et satisfera ta curiosité sur tous les points qui t'intéresseront. On estime beaucoup ici du pain coloré avec du safran, que rapportent à leurs enfants ou à leurs amis ceux qui viennent des villes voisines à Loudun pour leurs affaires. On vante aussi les poules de Loudun qui sont très-grandes et en nombre infini dans tout le territoire de la ville.

Thouars.

Après avoir dîné ici, tu pourras, le soir du même jour, partir pour Thouars, ville située sur une colline et appartenant au prince de la Trémouille. Tu consacreras deux ou trois heures de la matinée à visiter toute la cité et son magnifique château, dans lequel on trouve un verger délicieux.

Doué.

Ensuite, après avoir vu en passant le jardin du Prince, situé environ à une lieue, tu te rendras à Doué, bourg qui atteint les dimensions d'une ville.

Amphithéâtre curieux.

Tu y verras un amphithéâtre de vingt-deux degrés, creusé dans la roche, et sans aucune marque extérieure qu'on y ait employé la chaux, le sable ou le bois. Juste-Lipse prétend, dans le petit livre qu'il a composé sur les amphithéâtres construits hors de Rome, que ce lieu fut quelque chose de plus important qu'un bourg, soit d'après ce monument, qui n'est pas un ouvrage médiocre, soit d'après les restes d'une voie antique, menant de ce bourg à Pont-de-Cé; on aperçoit encore de divers côtés des traces de cette voie; mais les habitants en ont détruit la plus grande partie en utilisant les pierres qui la formaient, pour la construction de leurs maisons. Tout ruiné qu'il est, l'amphithéâtre de Doué sert encore aujourd'hui chaque année à la représentation de comédies.

Si tu n'as pas le temps d'examiner toutes ces choses, il faut du moins rendre une visite à Doué. Tu pourras plus tard aller voir le reste lorsque tu seras à Poitiers.

Pont-de-Cé.

De Saumur tu descends enfin à Pont-de-Cé, ville avec un château, située dans une île de la Loire. Il y en a qui prétendent qu'elle s'appelait *Pont-de-César*; d'autres tirent son nom de l'allemand et l'interprètent par Pont-de-l'Etang, parce que la Loire, s'élargissant beaucoup en cet endroit, y ressemble plus à un étang qu'à une rivière. A une petite lieue de là se trouve Angers, où on a coutume de se rendre à pied après avoir confié son bagage à un porteur. Je désire que tu passes dans cette dernière ville la fin du mois d'août et tout septembre.

Anjou.

La province d'Anjou est bornée au levant par la Touraine, au midi par le Poitou, au couchant par la Bretagne, au nord par le comté de Maine et Laval. Ce fut primitivement un royaume, plus tard un comté, et enfin un duché. Tu pourras voir dans l'ouvrage de Mérula la liste complète de ses comtes, qui s'appelaient généralement Foulques et Geoffroy. Moi je n'ai pas de temps à perdre. Erigé en duché par le roi Jean et concédé à son fils Louis, il eut ainsi pour maître les ducs suivants : Louis 1er, Louis II, Louis III, René, Charles, dont tu peux voir l'histoire dans le livre de Clapiers sur les comtes de Provence. Réuni à la couronne sous Louis XI, il fut désigné comme apanage du troisième fils du roi, nommé pour cette raison duc d'Anjou. Il renferme plusieurs rivières ; quelques-uns en portent le nombre jusqu'à quarante. Tu ne manqueras ici ni de montagnes, ni de collines, ni de vignobles, ni de bois, ni de prés, ni de bruyères, ni d'étangs, ni de lacs, ni de ruisseaux, ni de sources. Il produit un vin blanc très-célèbre. Dans quelques points de cette province, on retire de terre une pierre bleuâtre schisteuse, qui sert à défendre de l'injure de l'air les églises et les maisons. On l'appelle *ardoise*.

Angers.

La capitale du pays est Angers, ville que coupe la Mayenne, mais dont les deux parties sont jointes par un pont élégant de grande dimension et couvert de maisons. Elle possède un château contruit dans un lieu élevé, entouré d'un fossé creusé dans la roche. Dix-huit tours épaisses et rondes l'environnent, qui font horreur à cause de la couleur sombre des pierres. Le nom du fondateur de ce château est inconnu. On prétend cependant qu'il fut élevé par la reine de Sicile, le roi et comte d'Anjou étant absent, et n'ayant pas connaissance du projet. Lorsqu'il fut de retour, pour rendre la pareille à sa femme, il fit construire l'église de St-Maurice. D'autres soutiennent que c'est l'ouvrage des Anglais. On en permet du reste plus facilement l'accès aux étrangers qu'aux habitants de la ville. Il faut franchir plusieurs portes et plusieurs ponts avant d'atteindre l'intérieur; lorsqu'on a passé l'un d'eux, il est aussitôt relevé, de sorte qu'on est dans l'impossibilité de sortir.

On voit quelques canons placés dans le retranchement, qui portent les armes et les noms du duc de Brunswick et d'autres seigneurs. Sur deux d'entr'eux j'ai lu cette inscription (1) :

(1) Cette inscription est en allemand dans le texte.

« On m'appelle le sac de laine ; le comte Hoyer de Mansfeld m'a envoyé au comte Guillaume de Dillenbourg comme présent de bienvenue. »

On montre, en outre, du côté où le château est à pic sur la Mayenne une machine au moyen de laquelle deux hommes peuvent faire monter d'en bas un poids immense, et, sans avoir à craindre qu'il ne retombe, se reposer par intervalles quand bon leur semble.

Angers a beaucoup d'églises, qui sont pourvues de tours très-élevées ; de là vient ce proverbe : *basse ville, hauts clochers, riches prostituées, pauvres escoliers.* J'ai vérifié par moi-même la première et la seconde assertion.

Cathédrale d'Angers.

La cathédrale est dédiée à St-Maurice ; elle possède trois tours, dont celle du milieu fait crier au miracle, parce qu'elle semble suspendue en l'air, portant sur une arcade et étant ainsi soutenue par les mêmes fondements que les deux tours extérieures. Son trésor est, dit-on, très-précieux. On l'expose seulement aux grandes fêtes de l'année.

Nous avons pourtant vu quelques-unes des raretés qui le composent, notamment l'épée de St. Maurice renfermée dans un fourreau d'argent. On montre dans le chœur un des vases des noces de Cana; il est fait d'une pierre rouge assez semblable au jaspe.

On prétend qu'il fut apporté de Jérusalem en ce lieu par le roi René, dont on voit en cet endroit la sépulture avec une épitaphe en latin pieux, mais peu élégant et d'une prosodie irrégulière. L'image du monarque, peinte par lui-même à l'instar d'un squelette, se voit ici : le roi René s'est représenté couvert de l'habit royal et portant la couronne. C'est dans la ville d'Aix qu'il mourut.

Eglise de St-Julien.

Dans l'église de St-Julien se trouve une image de la Vierge avec cette inscription au bas :

« Cest présente image est faicte au patron de celle qui est révérée en l'église de Nostre-Dame de Populo à Rome, qu'y fit Monsieur St. Luc, durant la vie de la Vierge Marie, comme appert par la bulle qui est au reliquaire de l'église de céans ; à l'honneur de la dite dame, maistre Jean de Pontoise, archiprêtre de La Flèche et chanoine de céans, a fondé toutes les crastines de sept festes de la dite Dame, 1551. »

Tunique de St. Licinius.

On garde aussi dans le même lieu et l'on y montre la tunique de St. Licinius, évêque et comte d'Anjou, qui resta environ trente-deux ans dans le tombeau sans ressentir aucune marque de corruption. Depuis lors il s'est écoulé mille années et davantage. J'ai lu ces paroles inscrites sur cette relique : « Que le ceinturon de la foi me ceigne d'une garde divine, et me munisse de ses armes toujours invincibles. » On voit de plus ici une image dorée de St. Julien et une brique provenant de l'église de Notre-Dame de Lorette.

Dans le cimetière, on remarque une croix qui a pour base une pierre sur laquelle est gravée une inscription antique.

Eglise de St-Serge.

Hors de la ville, on trouve sur la rive gauche l'église de St-Serge, où tu remarqueras deux autels ornés de bas-reliefs admirablement sculptés. L'un représente la résurrection de Notre-Seigneur ; l'autre l'ensevelissement et l'Assomption de la Vierge; on voit dans ce dernier, parmi plusieurs autres personnages, une figure qui se détourne et qu'on dit être celle du maitre sculpteur qui voulut se représenter ainsi parce qu'il n'appartenait pas à la religion catholique.

De l'autre côté de la rivière s'élève, sur une colline, un couvent de Capucins, dont le roi Henri a posé récemment la première pierre. Ce fait est attesté par les vers suivants inscrits sur une plaque de bronze :

« Ce grand Henri qui rend nos jours si beaux et calmes,

Dont le front est orné de lauriers et de palmes,
Pour marque mémorable à la postérité
De son zèle envers Dieu et de sa piété!
Dessous ce grand autel miet la première pierre
Et voua son désir et ses vœux en ce lieu,
Monstrant que si sa main fut ardente à la guerre,
Son cœur ne le fut moins au service de Dieu. »

Jardin du roi René.

Près de la ville (je ne puis m'étendre davantage sur les églises, car cela m'entrainerait trop loin) se trouve un jardin avec une galerie, qui ont appartenu à René, roi de Sicile et duc d'Anjou. Il y a une construction voisine, qui était destinée à lui servir de lieu de retraite et de récréation. Tu peux encore apercevoir sur le mur extérieur une sculpture de pierre représentant les armes royales. Maintenant tout cela est habité par des pauvres; mais le lieu mérite d'autant plus d'être visité, afin qu'on apprécie davantage la modération et l'abnégation qu'avaient les hommes d'autrefois, dans les postes les plus élevés.

Grehan.

Dans le faubourg qui conduit à Saumur, on montre, au milieu des jardins, quelques ruines et l'emplacement d'un théâtre antique. Cet endroit s'appelle aujourd'hui *Gréhan*. On y déterre fréquemment d'anciennes médailles. Voici d'autres localités qu'on a coutume d'aller visiter lorsqu'on habite la ville d'Angers:

Les pierrières.

1° A un peu plus d'une demi-lieue, se trouve une carrière d'ardoises d'une profondeur étonnante. On en épuise l'eau au moyen de machines que font tourner des chevaux. Ces machines fonctionnent sans interruption toute l'année, si ce n'est le dimanche de Pâques.

Château de Brissac.

2° Le château de Brissac, qu'on a commencé récemment à construire et qui se trouve déjà assez avancé. Il est à quatre lieues d'Angers. Un parc lui est contigu.

Le Verger.

3° Le château du Verger, distant de trois milles, dans une autre direction, si je ne me trompe. On le dit magnifique; mais je ne l'ai pas vu.

4° Les étrangers qui séjournent ici ont coutume de visiter la Bretagne, et surtout Rennes, Dinan, St-Malo, St-Michel, Avranches, etc. C'est à toi qu'il appartient de voir si tu peux faire des excursions dans ces villes; mais si tu perds l'occasion, elle ne se représentera plus. En revenant à Angers, on se détourne ordinairement par le Mans et la Flèche. Si tu juges devoir en agir ainsi, rien ne t'oblige à à aller là de Saumur. Mais il me suffit d'avoir fait mention de ce voyage, auquel tu pourras consacrer pour l'exécuter, une portion du temps que tu aurais passé à Angers.

Quittant cette ville au commencement d'octobre, tu descends la Mayenne pour te conformer au plan que j'ai tracé.

Rochefort.

Au bout de quatre lieues, tu aperçois la tour à demi détruite du château de Rochefort, ruinée vers la fin des guerres civiles et d'où ceux qui y tenaient garnison incommodaient fortement les Angevins.

Montjean.

Les mariniers ont coutume de passer la nuit dans le bourg de Montjean, si toutefois j'ai bien retenu le nom, et où l'on voit un joli château sur chacune des deux rives de la Loire. Tu cotoies ensuite Ancenis, et enfin tu entres à Nantes, capitale de la Bretagne.

Bretagne.

On veut que les Bretons tirent leur nom de Britannus, qui fut, d'après Parthénius, contemporain d'Hercule et l'un des rois de la Gaule. Ce peuple est rangé par Pline, ainsi que les Ambiani, les Morini et les Bellovaques, dans la Gaule belgique. On croit que de là il se retira dans l'île d'Albion et qu'il donna son nom à la grande Bretagne. Mais cette partie de la France où habitaient autrefois les Nannètes, les Rhedones, les Venètes, les Diablintes et d'autres encore, fut concédée aux Bretons par le tyran Maxime, qui les récompensait ainsi du secours qu'ils lui avaient prêté contre Gratien, défait dans une bataille, en 383. Depuis ce temps, les Bretons habitèrent ce coin de la Gaule dans lequel une plus grande partie d'entre eux vinrent encore résider lorsque les Angles envahissant l'Angleterre, en opprimèrent les indigènes avec la plus grande cruauté. Ainsi la Bretagne, qui était une auparavant, se sépara en deux parties; la grande Bretagne fut appelée Transmarine, la petite Cismarine, et le dialecte breton reste encore aujourd'hui usité dans cette partie de l'Angleterre nommée pays de Galles. Cette communauté de langage pourrait suffire à elle seule pour prouver la communauté d'origine des Britanni d'Angleterre et des Bretons de France.

La province que ces derniers habitent est bornée au levant par la Normandie, au midi par le Poitou, le Maine et l'Anjou ; tout le reste de la frontière est fermé par la mer. La Brétagne se divise en deux parties, la supérieure et l'inférieure. Dans la première on parle français ; dans l'autre la vieille langue celtique, comme le prouvent les érudits, d'après les mots recueillis dans les auteurs anciens et encore usités aujourd'hui en basse Bretagne. La portion de la province située vers la mer s'appelait autrefois Armorique, nom celtique venant d'*armor*, qui, chez les anciens Bretons, signifiait la mer. Elle fut gouvernée par des comtes et par des ducs dont tu peux voir la suite généalogique dans Mérula. Le neuvième et dernier de ces ducs fut François II, dont la fille Anne, fiancée à Richard, prince de Galles et ensuite à l'empereur Maximilien, épousa cependant en premières noces Charles VIII, roi de France, et après la mort de celui-ci Louis XII, apportant ainsi le duché de Bretagne à la couronne.

Nantes.

La ville de Nantes n'est pas très-grande ; mais elle est bien fortifiée et munie de remparts, de tours, de redoutes et de fossés. Elle possède une citadelle très-forte dans un lieu bas, contre la Loire. Les faubourgs mêmes sont entourés de retranchements. Nantes est un siége épiscopal. On voit le tombeau du dernier duc François II, dans une église, que je n'oserais pas affirmer être celle des Augustins ; ce mausolée est un chef-d'œuvre admirable, qui a pour auteur Michel Columb. Cette ville est un port commercial très-important, et bien que situé sur la Loire, on commence à y sentir le reflux de la mer. Les navires qui voguent sur l'Océan montent jusque là, à l'exception des plus grands, obligés de s'arrêter à quatre ou cinq lieues en dessous. On passe ici la Loire sur un énorme pont de bois. Nous trouvâmes une bonne auberge dans le faubourg ; elle a pour enseigne au *Chapeau-Rouge*.

Il faut te rendre de là à La Rochelle avec le messager à cheval qui y va toutes les semaines. Le jour du départ est le mercredi ; mais si tu es très-pressé, il pourra partir plus tôt. Tu paieras pour le transport et la nourriture dix, onze ou douze francs, en ayant soin de débattre ton prix avec lui.

Montaigu.

Il te faut trois jours pour faire ce voyage, en traversant Montaigu, où l'on remarque les vestiges d'un château, et d'autres bourgs sans importance. J'ai noté ceux qui suivent : St-George, sept lieues ; St-Fulgent, deux lieues ; Chantonay, trois lieues ; Langon, trois lieues; La Rochelle, sept lieues.

Aunis.

La Rochelle est située dans le pays d'Aunis, entre le bas Poitou, la Saintonge et l'Océan aquitain. Suivant le peuple, on appelle cette contrée pays d'*Aulnis,* parce qu'un roi de France, guerroyant contre les Anglais, aurait dit qu'il espérerait bien de l'avenir, s'il pouvait enlever chaque jour à ses ennemis une *aulne* de terrain. Mais cette étymologie doit être rejetée, comme Mérula le démontre avec raison, d'après l'antiquité du mot *alnisiensis*. Quelquefois on désigne cette contrée sous le nom de Rochellois.

La Rochelle.

On donne à La Rochelle six siècles d'existence. Le lieu qu'elle occupe fut choisi à cause de la commodité du port. Tombée au pouvoir des Anglais, ceux-ci furent expulsés, et la cité se joignant au royaume de France, obtint de grands priviléges de Charles V, en 1362; les principaux sont les suivants : qu'on n'y bâtirait point de château fort, qu'elle ne serait jamais aliénée de la couronne de France, le droit de battre monnaie et l'exemption d'impôts. La ville est gouvernée par un maire annuel qu'élisent vingt-quatre échevins ; cet office les anoblit tous, pourvu qu'ils s'abstiennent à l'avenir de tout négoce. Leur élection a lieu de la manière suivante: on en nomme trois chaque année sur lesquels le roi en choisit un, qui est seul élu réellement. Toutes les fois que le maire sort en public, il est accompagné d'un certain nombre de gardes portant des robes bicolores; quelquefois aussi il est accompagné de soldats du conseil. Sa juridiction est cependant très-limitée, et il ne connaît que des choses qui se passent la nuit : les autres sont jugées par un vicaire royal. Les appels ont lieu à Paris et non à Bordeaux. Bref, le maire et le sénat ne reconnaissent pour supérieurs que le roi et les princes du sang.

La ville avait autrefois pour défense non-seulement la mer et des marais, mais du côté de la terre, des fortifications construites d'après l'ancien système. Tu peux lire une élégante description de celles-ci dans le cinquième livre de l'histoire du savant de Thou, à l'année 1575. Elle n'en soutint pas moins un long siége à cette époque, et résista courageusement. Maintenant des fortifications construites d'après la nouvelle méthode, la rendent presqu'aussi forte qu'aucune autre ville de guerre.

Elle a entre ses murailles un port qui ne peut contenir beaucoup de vaisseaux : il est fermé au moyen d'une chaîne attachée à deux grosses tours qu'on a construites pour cette raison à l'entrée. Détacher la chaîne le matin et laisser libre l'accès du port, c'est l'affaire d'un seul homme; mais pour la tendre le soir, il faut en employer cinq et de plus se servir d'une machine spéciale. Le gardien de la chaîne fait payer cinq sous à chacun des grands navires qui sortent, et deux sous et demi aux petits bâtiments ; les pêcheurs qui rentrent en ville doivent aussi lui faire part de leur prise ; pour ce but, un panier pendu à une corde est descendu de la tour et on le retire ensuite.

La ville de La Rochelle a des rues larges, ornées d'édifices nobles et élégants ; quelques-unes cependant sont sales et difformes.

Caractère du peuple.

Autrefois les habitants de La Rochelle étaient en général une race d'hommes incultes, adonnés au commerce et à la navigation, avides de gain et très-orgueilleux. Ils s'étaient un peu civilisés depuis ; mais ayant fait l'expérience de leur force dans les dernières guerres, leur arrogance a augmenté. Aujourd'hui la lie du peuple, faisant la garde aux portes de la ville, se comporte insolemment envers les étrangers; et il y a danger pour toi d'être jeté à bas de ton cheval, si tu ne traverses, la tête découverte, toute la rangée des sentinelles, si nombreuses qu'elles soient. Des Allemands d'illustre naissance ont expérimenté cela plus d'une fois et se sont étonnés de voir l'impudence aller si loin. La bonne société m'a paru cependant bien différente. Je ne puis oublier avec quelle urbanité nous accueillit le maire, auquel on nous avait recommandés : accompagné de quatre pairs et entouré de sa garde habituelle, il vint nous voir à l'auberge, et daigna nous conduire çà et là dans la ville. Si donc tu visites La Rochelle, méfie-toi de la populace, mais ne crains rien de la fleur de la société et attends même d'elle toutes sortes de bons services. La ville a possédé autrefois un château, détruit depuis longtemps. On voit maintenant sur la place voisine une église de forme ovale, élevée récemment. Il en faut surtout remarquer la charpente, dont les poutres sont agencées de telle manière que, n'ayant pas d'appuis qui les supportent au milieu, elles se soutiennent l'une l'autre en reposant exclusivement sur les murailles.

Tu verras dans l'hôtel-de-ville, outre un portrait d'Henri IV peint d'après nature, une embarcation faite d'écorce d'arbre, dont se servent, dit-on, les Indiens sauvages.

Fabrication du sel.

Ne manque pas d'observer l'art avec lequel on sait fabriquer, près de la ville, du sel très-blanc en enfermant l'eau de mer dans des fosses creusées à cet usage, puis en la laissant évaporer aux rayons du soleil.

Iles de Ré et d'Oléron.

Si tu veux faire de là une petite excursion, tu pourras aller visiter, à quatre ou cinq lieues en mer, l'île de Ré et celle d'Oléron, toutes deux très-fertiles en vin et en blé.

Brouage.

Tu pourras visiter aussi la forteresse de Brouage avec le port de mer qui lui est contigu ; n'oublie pas non plus Taillebourg, ville qui possède un château très-bien fortifié, et qui appartient au duc de la Trémouille.

La petite Hollande.

J'ai entendu dire que dans le voisinage, d'après une demande adressée au roi Henri IV par quelques Hollandais, il avait été accordé à ceux-ci de délivrer des flots de la mer une bonne portion de terre ordinairement inondée, et de la changer en plaine propre à produire du blé et du fourrage (comme nous l'avons vu faire dernièrement dans le lac de Bempster, au nord de la Hollande) ; en outre, on leur avait concédé pour plusieurs années l'exemption d'impôts territoriaux. La tentative ayant parfaitement réussi, cette portion de territoire avait été surnommée la petite Hollande. Si tu ne t'effraies pas de la perte d'un jour, tu auras ainsi l'occasion de voir la Hollande en France.

Mornac. — Royan.

De la Rochelle tu pourras te rendre par mer à Mornac, distant de quatorze lieues. Le prix ordinaire du transport est de douze sous et demi ; de là tu viens par terre pour le même prix jusqu'à Royan, ville et port situés sur la Gironde.

Tour de Cordouan.

Tu ne te repentiras pas d'avoir navigué jusqu'à la tour de Cordouan, phare remarquable, restauré dernièrement par l'ordre du grand Henri IV. On trouve ici un double rocher à l'embouchure de la Gironde. Ces deux écueils portent le nom d'*ânes* ; les Belges ont surnommé celui du nord *norderesel* (âne du nord), celui du sud *sunderesel* (âne du sud); ce dernier supporte la tour de Cordouan.

Ville engloutie.

C'est incontestablement là l'ancien promontoire Curien, auprès duquel se trouvait l'île d'Antros et, sur le continent Noviomagus, la cité des Bituriges Vivisci, qui eut le même destin que le promontoire lui-même. D'après Ptolémée, elle était située à l'extrémité du Médoc, où se trouve maintenant le bourg de Soulac. Il n'en existe plus à présent aucun vestige, non plus que de l'île d'Antros.

On ignore au juste si elle fut détruite par l'Océan, par la Gironde, presque aussi terrible que ce dernier, si le sable la recouvrit ou si quelqu'autre catastrophe la fit disparaître. Les habitants prétendent qu'on en voit encore des vestiges dans l'étang de Médoc: lorsque la sécheresse est très-grande, disent-ils, et fait diminuer les eaux, on aperçoit des restes de murailles. Cette opinion n'est pas invraisemblable, car on ne trouve ici ni roches ni montagnes qui puissent s'opposer à l'élan de la mer, et les vents qui en viennent chassent constamment dans les terres une grande quantité de sable.

Lorsque tu voudras remonter de Royan à Bordeaux, tu auras soin de te choisir un marinier habile et de ne pas te fier au premier venu ; car ce n'est pas un jeu de s'aventurer sur la Gironde. Le trajet de Royan jusqu'à cette ville te coûtera douze sous et demi.

Bordeaux.

La ville de Bordeaux est célèbre de toute manière, et comme capitale de la seconde Aquitaine, sous les Romains, et pour les nombreuses antiquités qu'elle renferme encore aujourd'hui. La province prit plus tard le nom de Guyenne, qui est une corruption de son appellation latine. Quant au nom de la ville elle-même, on n'a pu l'expliquer d'une manière satisfaisante. On ne sait pas davantage quels furent les commencements de cette cité. Ce qu'il faut y remarquer, ce sont les murs carrés, reste du Bordeaux d'Ausone ; les ruines d'un bel amphithéâtre situé hors de la ville ; les colonnes encore debout d'une construction appelée palais de Tutelle, et qui, du temps d'Ausone, n'était pas située dans l'intérieur des murs ; enfin une grande quantité de marbres et de pierres antiques. J'ai traité tout cela en détail dans la description particulière que j'ai faite de la ville de Bordeaux ; je me contenterai donc de rappeler ici qu'il est indispensable de visiter les statues et les inscriptions qui se trouvent dans l'Hôtel-de-Ville, aussi bien que dans le jardin du conseiller Raimond, bien connu pour l'amour qu'il a voué aux arts.

Portes de la ville.

Après avoir subi divers changements, la ville a atteint les grandes dimensions qu'elle possède aujourd'hui. On y entre par douze portes : 1° *de Ste-Croix*; 2° *de St-Michel*; 3° *aux Salines*; 4° *au pont St-Jean* ; 5° *au Cailleau* ; 6° *Des Paux*; 7° *du Chapeau-Rouge*, ou autrement *porte de cor* ; 8° *St-Germain* ; 9° *du Dauphin*, construite en 1606 ; 10° *Dijaux*, appelée aussi *porte de St-Séverin*, à cause du voisinage d'une église de même nom ; 11° *Ste-Eulalie* ; 12° *St-Julien*.

Vin de Grave.

Les environs de Bordeaux sont très-agréables à visiter. Le sol de la province est extrêmement fertile; mais à l'entour de la ville il est sablonneux : d'où vient le nom de vin de *Grave;* car ce mot signifie *sable* en gascon. On sait avec quelle extension Bordeaux fait le commerce du vin.

Usage singulier.

Mérula remarque à ce sujet, en citant lui-même l'historien Vinet, que l'usage existait depuis les temps les plus reculés, pour tous ceux qui voulaient exporter du vin, de ne pouvoir le faire, avant d'avoir reçu des magistrats de la ville une branche de cyprès pour laquelle chaque navire payait une drachme et deux septièmes. Le cyprès est un arbre assez rare en France pourtant ; mais un ancien bois de cyprès, dont les Bordelais s'enorgueillissent beaucoup, s'étend en face de la ville, sur la rive opposée, en couvrant une étendue de sept arpents, étendue qui était autrefois beaucoup plus considérable (1).

Bourg-sur-Gironde.

La ville de Bourg-sur-Gironde est un bon port qui se trouve sur la Dordogne, un peu au-dessus du confluent de cette rivière et de la Garonne. On peut cependant la visiter en descendant ce dernier fleuve, comme nous l'avons fait nous-mêmes en passant le dangereux endroit appelé Bec-d'Ambèz.

Blaye.

Plus bas on rencontre Blaye, appelée autrefois Blavia. Cette ville est petite, mais très-forte. Elle surgit de la Gironde et possède un château situé au levant, qui n'est séparé d'elle ni par des murailles, ni par des fossés.

(1) Cet arbre est devenu très-abondant aujourd'hui dans le midi. En Provence, on le plante par longues files autour des champs pour préserver ceux-ci de l'action du mistral ; car le cyprès est d'une ténacité extrême et ne se casse ni se déracine pour ainsi dire jamais. Il a de plus l'avantage d'étendre ses branches en rideau depuis le sommet jusqu'au sol, de manière que, par une violente bise, on peut rester derrière une haie avec une chandelle allumée, sans craindre de voir celle-ci s'éteindre. Ces longues rangées d'arbres noirs donnent, la nuit, aux paysages du Comtat-Venaissin, un aspect singulier.

Tombeau de Roland.

Les habitants du lieu, qui se glorifient d'avoir possédé autrefois le tombeau du roi Charibert, racontent que le paladin Roland, sur lequel on a débité tant de fables ridicules, était né parmi eux, avait été comte du pays, et enseveli enfin dans l'église de St-Romain avec son épée, qu'ils nomment Durandal ; son cor placé d'abord au pied de son tombeau, fut transporté plus tard à Bordeaux, dans l'église de St-Séverin. Ausone donne à cette ville l'épithète de *militaire*. Elle la mérite toujours, car on y entretient constamment des troupes, et les habitants sont presque tous des soldats en garnison, qui non seulement gardent ce lieu la nuit comme le jour, mais observent de là tout ce qui se passe sur la Gironde, et si une flote ennemie s'avise de vouloir passer, ils l'accablent, autant que le permet la largeur du fleuve, de projectiles lancés des forts, dont on aperçoit les canons. Aucun étranger n'est admis dans cette ville. On ne vous permet même pas d'en inspecter les fossés ni les murailles. Le faubourg renferme des auberges.

Quoique le territoire de Bordeaux ne mérite pas d'être loué pour ses céréales et ses fruits, il est remédié à ce défaut, si toutefois c'en est un, par le moyen du fleuve voisin. Mais en fait de quadrupèdes et de volatiles, il ne laisse rien à désirer ; car il abonde en dindons, en chapons, en perdrix, en grives, en pigeons et en autres oiseaux qu'il serait trop long d'énumérer.

J'estime surtout ces grives si grasses, qui ont mérité les éloges de Martial, et ces huîtres de Médoc que la muse d'Ausone a exaltées. En lisant sa treizième épître, où il compare les diverses espèces d'huîtres, accordant la palme à celles que je viens de nommer, qui ne sentirait l'eau lui venir à la bouche ? Et pourtant l'avouerai-je, avant de visiter Bordeaux et La Rochelle, je n'avais jamais mangé les huîtres que marinées ou cuites, et je regardais avec horreur les consommateurs se régaler d'huîtres crues dans les hôtelleries, surtout le matin avant le déjeûner. Cependant, lorsque j'eus lu les vers d'Ausone, je me laissai persuader par mon poète favori de faire comme tout le monde. Et alors, combien ne fus-je pas irrité contre moi-même de m'être privé de tant d'occasions de me régaler? J'aurais pu en vérité me consoler de la maladie de mon ami Colérus, mon fidèle Achatès, en me voyant forcé de suspendre mon voyage pour quinze jours, et j'aurais pu dire: Heureusement le sort cruel m'a réservé cet avantage ; car autrement je ne me nourrirais pas d'huîtres si succulentes. Voilà comment j'aurais pu m'exprimer, si j'avais voulu plaisanter à la manière de Milon, lorsque Cicéron le défendit.

Puisque j'en suis sur les plaisirs de la table

je mentionnerai encore que dans le faubourg des Chartreux, près du jeu de paume appelé Balemaille, se trouvent des Hollandais qui fabriquent d'excellente bière et prennent en pension les étrangers.

Après avoir visité Bordeaux en détail, et avoir regagné Blaye, tu loueras des chevaux dans cette dernière ville pour te rendre à Saintes ; le prix du trajet est fixé à quatre francs, à la charge pour toi de nourrir ta monture, jusqu'à ce que tu sois descendu dans la ville, à l'auberge de la *Croix-Blanche*.

Petit-Niort.

A six lieues de Blaye se trouve Petit-Niort, où il faut dîner *à la Fontaine.* Tu seras bien là, et tu verras, attenant à la rustique auberge, un jardin très-agréable. J'ai entendu nommer le maître du lieu *M. de Mirambeau, seigneur de Ver*. Il avait épousé une fille du seigneur de Mirambeau, et avait pris le nom de celui-ci en recevant la dot.

Château de Plassac.

A deux lieues de là tu passeras devant le château de Plassac, appartenant au duc d'Epernon. Un parc y est contigu.

Pons.

Tu feras encore deux lieues dans la soirée, et tu arriveras dans la ville de Pons, où tu iras te loger *à l'Escu de France*. Les seigneurs de Pons soutiennent descendre des Pontii romains, prétention que semble appuyer une inscription latine que je n'ai pas vue. Cette cité possède une forte citadelle. On la divise en deux parties : *St-Vivien* ou la ville haute, et *les Aires* ou la ville basse. Au pied d'une colline coule la Saigne, qui coupe cette dernière et est recouverte de tant de ponts que cette circonstance fournit certainement l'étymologie du nom de la ville.

La Saintonge.

Après avoir fait encore quatre lieues, tu arrives à Saintes, capitale de la Saintonge.

Cette province a pour limites au nord le Poitou et le pays d'Aunis, à l'orient l'Angoumois et le Périgord, au midi la Gironde ; au couchant l'Océan Atlantique. Le sol du pays, très-fertile, avait invité autrefois les Helvétiens à abandonner leur patrie pour émigrer dans cette contrée : ce qu'ils auraient fait, sans la forte opposition de César.

Saintes.

La capitale de la province est située sur la Charente, et elle s'élève en montant jusqu'à un rocher voisin au sommet duquel se trouve un château fort. La cathédrale est dédiée à St. Pierre : elle fut construite par Charlemagne, dont on y montre l'image, et qui fut dernièrement réparée, après avoir subi de nombreux outrages dans les guerres civiles. Il faut visiter dans une chapelle le tombeau du marquis de Pisan, tué par ordre du prince qu'il servait; il ne faut pas oublier non plus l'escalier qui conduit au sommet de la tour, et qui, par un artifice ingénieux, permet à la vue de s'étendre du haut jusqu'en bas. Cet édifice est marqué sur la muraille extérieure de la lettre Y. On explique cette circonstance en disant que Charlemagne fit bâtir autant d'églises en France qu'il y a de lettres dans l'alphabet avant celle-ci. En face de la cathédrale, s'élève le palais épiscopal.

Dans le faubourg, se trouve une église consacrée à St. Eutrope, premier confesseur de la foi chrétienne en ce lieu; on conserve précieusement sa tête, qui a, dit-on, la propriété de guérir diverses maladies lorsqu'on la touche. De nombreuses ruines attestent que la ville est très-ancienne et qu'elle n'était pas dédaignée par les Romains: ainsi on y voit les restes d'un amphithéatre situé en dehors des murs; ceux d'un aqueduc, également hors de la cité; et, sur le pont de la Charente, un arc de triomphe fait de grandes pierres carrées sur lequel on lisait autrefois une inscription, recueillie par Elie Vinet, mais aujourd'hui presque effacée.

Une image gravée sur l'une des pierres d'une petite maison contiguë à l'arc, et destinée à des garnisaires, représente, dit-on, le portrait du fondateur ; mais la vétusté l'a détériorée.

Tu as deux manières d'aller jusqu'à Poitiers. Un messager vient toutes les semaines, le mardi, et descend *Aux quatre fils Aymon*, au *Bourg des Dames*, à moins qu'il n'ait changé. Il part le lendemain, et pour la somme de dix francs environ, il se charge de te transporter, nourriture comprise, à Poitiers, où tu arriveras le vendredi. Au besoin, si tu le désires, il passera par St-Jean d'Angély. L'autre manière d'aller à Poitiers est d'employer les chevaux de louage, vulgairement *les relais*, qu'il faut prendre à l'auberge de la *Croix-Blanche*, et continuer pendant treize lieues, jusqu'à St-Léger-les-Melles : un enfant à pied vous accompagne, et il n'est pas besoin de payer un postillon en sus.

St-Jean-d'Angély.

On peut faire marché, sans augmentation de prix, pour passer par St-Jean-d'Angély, ville située sur la gauche, hors du chemin direct, et bien munie de murailles, de tours et de redoutes. Elle soutint un siége acharné en 1569. Elle est à quatre lieues de Saintes, à neuf lieues de la Rochelle. L'illustre duc de Rohan, prince extrêmement bienveillant pour les étrangers, la gouverne au nom du roi. Les étudiants qui veulent travailler, ont coutume de se retirer ici pour éviter cette grande affluence de compatriotes qu'ils rencontreraient à Poitiers.

Lusignan.

D'autres chevaux vous conduisent pour quarante sous jusqu'à Lusignan, ville éloignée de sept lieues, et misérablement ruinée dans les guerres civiles. On ne voulut pas nous fournir les relais sans un postillon de louage qui nous accompagnât. De Lusignan, il te reste à faire deux traites, chacune de cinq lieues, pour atteindre Poitiers, qui marque la fin de ton second itinéraire, et où je t'ai amené pour passer l'hiver.

Poitou.

Te voici dans le Poitou, l'une des plus grandes provinces de France. Elle est bornée au levant par le Berry, la Touraine et le Limousin, au nord par la Bretagne et l'Anjou, au midi par l'Angoumois et la Saintonge; au couchant, l'Océan la baigne. On en nomme les habitants Poitevins.

Patois du pays.

En général, ce pays est rempli de gens encore incultes qui parlent un dialecte grossier, dont j'ai vu pourtant des livres imprimés. Mais il n'est pas en usage dans les villes les plus civilisées. La contrée produit abondamment des céréales, du vin, du lin ; on y trouve aussi en grande quantité le bétail, le poisson, la volaille, le gibier. On y rencontre encore dans les roches et les buissons qui entourent la ville, les vipères nécessaires à la confection de la thériaque, et souvent les pharmaciens les envoient jusqu'à Venise. Le territoire faisait autrefois partie de l'Aquitaine ; sous les Goths, fut royaume, et plus tard, duché. Parmi d'autres prérogatives, il possède l'exemption des gabelles. On le divise aujourd'hui en deux parties, le bas Poitou, situé vers la mer, et le haut Poitou, qui est davantage à l'orient. Cette province possède trois évêchés, celui de Poitiers, celui de Maillezais, celui de Luçon, et sous eux quarante-deux abbayes et cent vingt paroisses.

Poitiers.

Poitiers, qui portait autrefois le nom d'Augustoritum, est la première ville de la province. Elle est située sur une colline où passe le Clain, et qu'entourent des marais et des étangs. Une petite partie seulement, nommée *la Tranchée*, est à sec et entièrement plate. La forme de la cité assez singulière, provient de la nature du lieu. Sa position la rend, prétend-on, imprenable. Elle a presque autant d'étendue que Paris ; mais elle n'est pas construite en entier, et on rencontre à l'intérieur des vignes, des jardins et des prés. Ceci provient, dit une tradition, de ce que le roi Dagobert irrité contre elle, la saccagea de fond en comble et y fit semer du sel. Autrefois elle n'occupait pas le même emplacement, et se trouvait moins loin de Châtellerault. Son ancienne position est encore indiquée aujourd'hui par des restes de murailles, ruines qui sont connues sous le nom de *Vieil Poictiers*.

La ville moderne est le siège d'un évêché, d'une université et d'un présidial. Elle a possédé dans son sein les hommes les plus célèbres, parmi lesquels il faut nommer André Tiraqueau, ce soleil de la jurisprudence. Elle est gouvernée par un maire dont l'élection a lieu chaque année ; à cette occasion, le jour de St-Cyprien, on convoque solennellement le conseil de la ville, ainsi que les femmes et les filles de distinction et l'on fait un grand festin, mêlé de chants et de danses. La dignité de maire confère la noblesse, et celui qui exerce cette magistrature porte, tant que dure son office, le titre de premier baron de Poitiers. Le conseil est composé de cent personnes, dont vingt-cinq échevins et soixante-quinze citoyens, qui jugent sans appel toutes les affaires au-dessous de cinq cents livres ; pour les sommes qui dépassent celle-ci, on peut en appeler.

Eglise de St-Pierre.

L'Eglise de St-Pierre est un splendide édifice élevé dans l'origine par St. Martial, mais dans des proportions moins grandioses, lorsque le martyre de St. Pierre lui fut révélé miraculeusement. Construite aujourd'hui de pierres carrées extrêmement dures, elle est due à Henri

II, d'abord duc de Normandie, puis roi d'Angleterre et duc d'Aquitaine, qui la fit commencer à la prière de sa femme; mais elle ne fut terminée que deux siècles plus tard. On y conserve une partie de la barbe de St. Pierre, apportée de Rome par St. Hilaire, évêque de Poitiers, lorsqu'il revint du célèbre concile convoqué pour condamner les Ariens. La partie de cette église qui regarde le levant a eu quelques coups de canon à supporter; mais les pierres sont si dures, que les boulets n'y ont guère laissé de traces.

Notre-Dame-la-Grande.

Sur la grande place, on trouve *Notre-Dame-la-Grande*, église dédiée à la Vierge. Dans la partie de la muraille opposée à la place, on voit une statue de l'empereur Constantin armé d'un glaive, avec des vers latins au-dessous, indiquant que cette image, autrefois détruite, a été rétablie. Tous les ans la femme du maire a coutume d'offrir dans cette église, le lundi de Pâques, un pallium richement brodé.

Eglise de St-Hilaire.

Dans le haut de la ville se trouve l'église de St-Hilaire, dont la tour permet aux yeux de se promener sur toute la cité. On montre là un sarcophage qui consume, dit-on, les cadavres en vingt-quatre heures. Lorsqu'on le frotte avec un morceau de fer, il répand une odeur très-désagréable. On voit aussi en ce lieu le sépulcre de Geoffroy à la grand'dent, fils de Melusine. Une chambre de cette église renferme un tronc d'arbre creusé, nommé *le berceau de St. Hilaire*. On y amène les gens qui ont perdu la raison, et après avoir récité sur eux certaines prières, on les fait dormir dans ce berceau. Cette pratique les guérit, dit-on, de leur démence. De là vient l'usage où sont ceux qui s'accusent de folie, de s'envoyer mutuellement au berceau de St. Hilaire. On retrouve à peu près le même usage dans le bourg de St-Tubéry, situé en Languedoc; j'en parlerai plus loin.

Il y a encore d'autres églises qui méritent d'être vues. Je ne les mentionnerai pas; mais je t'indiquerai quelques édifices dignes d'être visités :

1° Un château situé dans le bas de la ville, près de la porte de St-Lazare, et construit en forme de triangle ; il n'en reste que trois fortes tours jointes aux murailles de Poitiers.

2° Le palais-de-justice, ancien château. Il s'y trouve une très-vaste salle, dont le plafond n'est soutenu par aucune colonne.

Les Arènes.

3° Les ruines de l'amphithéâtre romain, connues sous le nom des *Arènes*.

4° L'école de droit, superbe édifice restauré dernièrement par les soins de l'illustre duc de Sully.

5° Les ruines de plusieurs aqueducs situés hors de la ville (1).

6° Une source jaillissante voisine du fort appelé *la Plateforme* ; on vient y chercher l'eau avec des ânes et on la distribue dans toute la ville, qui n'a pas de fontaine.

Cabinet de curiosités.

7° Le cabinet de M. Content, pharmacien. Il est rempli de choses curieuses. Son possesseur en a publié lui-même une description en vers français, ornée de gravures sur cuivre.

La Pierre levée.

8° *La Pierre levée*, grande pierre, de soixante pieds de tour, qui est soutenue par cinq autres plus petites. Rabelais la cite dans son roman satirique. On raconte que Ste. Radegonde porta cette pierre sur sa tête et les cinq autres dans son giron. La *Pierre levée* est couverte de noms de voyageurs. Mérula y a remarqué ceux de Gifanius Buranus, de Gérard Mercator, d'Abraham Ortelius.

Le Passe-Lourdin.

9° A un peu plus d'une lieue se trouve le

(1) D'après un passage de Pontanus, passage qui semble avoir échappé à Jodocus, il paraît que de son temps, ces ruines s'appelaient *les Ducts*.

Passe-Lourdin, caverne située dans un rocher dont le Clain lave la base. Il est très difficile d'y grimper, et encore plus difficile d'en descendre. On prétend néanmoins que, pendant les guerres civiles, des paysans poursuivis par des soldats gravirent le rocher à la course, bien qu'ils fussent en sabots. Il paraît qu'autrefois il était d'usage qu'après la noce les nouveaux mariés vinssent faire une excursion dans cette grotte. Mais cette coutume cessa, une jeune épousée ayant trouvé la mort en tombant du rocher.

Tu te lieras ici d'amitié avec M. David Lussaut, pharmacien, homme excellent, et très aimable pour les Allemands, dont il parle la langue. Tu n'auras qu'à te louer de ses bons procédés et de tout ce qu'il fera pour t'être agréable. Il ne serait donc pas mal vu de te loger presque en face de sa maison, dans l'auberge qui a pour enseigne : *à la Cloche-Persé*, afin que le voisinage te fournisse l'occasion de faire connaissance avec lui.

Ayant passé l'hiver dans cette ville, tu y auras sans doute noué des relations avec un si grand nombre de tes compatriotes, que tu auras à craindre, non-seulement de ne plus faire de progrès dans l'étude de la langue française, mais encore d'oublier ce que tu savais. Fuis donc, comme tu as fui de Bourges l'année précédente, dans un lieu agréable où tu puisses vivre au milieu d'une famille d'indigènes. Tu as la ville de Thouars; tu as celle de Loudun, que tu as vue peut-être en faisant des excursions aux environs de Saumur. Je ne te conseille pas cependant d'y aller tout d'abord, car il y a d'autres lieux qui pourraient te plaire davantage ; mais s'ils te convenaient moins, il te reste les deux villes que je viens de nommer.

Château de Bonnivet.

Pour faire d'une pierre deux coups, tu loueras un cheval qui te conduise au château de Bonnivet, situé à quatre lieues de Poitiers. Il fut commencé par l'amiral de France, sous le règne de François Ier, et n'est pas encore terminé ; mais tu admireras la splendeur de son architecture.

Fosse de St-Pierre.

A trois lieues de là se trouve la fosse de St-Pierre, qu'on ne peut, il est vrai, lui comparer, mais qui mérite l'attention ; car elle est bien fortifiée et possède, outre une porte d'une courbure élégante, un jardin délicieux entouré d'un mur épais dans lequel on a pratiqué des ouvertures destinées à laisser passer les balles et disposées si ingénieusement, qu'il est difficile de voir du dehors d'où partent les coups.

Châtellerault.

Deux grandes lieues te restent jusqu'à Châtellerault, ville située au bord de la Vienne, portant le titre de duché, et bien fortifiée, mais n'ayant pas d'édifice remarquable, si ce n'est peut-être une ou deux maisons. Châtellerault est comme une grande fabrique de couteaux, de ciseaux et d'ustensiles semblables. On y passe la Vienne sur un beau pont de neuf arches, commencé par la reine Catherine de Médicis. Sa longueur est de deux cent trente pas, sa largeur de soixante-six. Il fut terminé sous le règne d'Henri IV, pendant que le duc de Sully gouvernait le Poitou, comme l'atteste une inscription placée sur une des tours situées au-delà du fleuve. Une source qui jaillit près des murailles de la cité, fournit suffisamment d'eau pour les besoins des habitants. Hors de la ville, on voit les ruines d'un vieux château, où l'on trouve une certaine espèce de cailloux très-brillants appelés *diamants de Châtellerault*. Une fois polis, ils égalent l'éclat du diamant véritable.

Champigny.

Après avoir parcouru cette ville, il faut faire sept lieues pour gagner Champigny, bourg important où se trouve un beau château appartenant aux anciens ducs de Montpensier, et un grand parc. Voilà un lieu agréable, s'il en fut jamais. Fais tes efforts pour te procurer ici une retraite semblable à celle de Moulins et insinue-toi dans l'esprit des gens du pays. Tu habiteras ainsi à la fois une campagne, un jardin et une ville. A Champigny tout le monde est du reste poli et empressé. Si une cause quelconque t'empêche d'y résider, il te reste Loudun ou Thouars, comme je te l'ai déjà dit.

Tu te trouveras dans l'un de ces endroits vers le temps de la Fête-Dieu; mais, malgré la petite dépense que cela t'occasionnera, dépense qui se retrouvera en plaisir, il faut arriver la veille à Angers, pour voir la splendide cérémonie qu'on y célèbre. En tête marchent quatre mille citoyens portant des cierges allumés; ils précèdent une longue suite de religieux et de prêtres. Autant il y a de quartiers dans la ville (leur nombre m'échappe), autant voit-on de sculptures représentant des sujets empruntés à l'histoire sainte et faites de bois tourné élégamment peint, soutenues sur les épaules de huit robustes porte-faix. Cette solennité doit son origine aux blasphèmes que l'hérésiarque Bérenger osa proférer en ce lieu contre le divin mystère de la cène; pour expier ce crime, les habitants jugèrent qu'il fallait chaque année témoigner leur vénération d'une manière aussi éclatante. Tu seras fort content de voir cette fête. C'est une des trois principales qui ont lieu dans ces contrées presque en même temps, et sont recommandées comme très-remarquables : *La feste de Dieu à Angers, les Rogations à Poictiers, la Mairie à la Rochelle.*

Moncontour.

Revenant à Poitiers, après avoir fait ce détour, tu traverseras la petite ville de Moncontour, dont les environs sont célèbres pour avoir vu la défaite de l'armée de Coligny.

La Grimaudière.

Tu visiteras, dans le bourg de la Grimaudière, une source jaillissante qui s'élance à plus de vingt pieds, et qu'on utilise pour faire tourner des roues de moulin.

Mirebeau.

Vient ensuite Mirebeau, ville avec un château, et tu rentres à Poitiers vers la fin d'août. Tu auras déjà pu te procurer de loin par lettres des compagnons pour le voyage que tu veux continuer. Soyez au moins cinq, mais pas plus de huit. Louez des chevaux et un conducteur en sus, et convenez du prix du transport et de la nourriture pour chaque jour en particulier. Lorsque je voyageais dans ce pays, chacun donnait soixante-quatre sous pour lui et son cheval et payait sa quote-part de la même somme pour le salaire du guide. Ceci épargne bien des inconvénients aux voyageurs et leur évite des altercations avec les hôteliers. Mais si les compagnons que le hasard t'a donnés, n'ayant pas encore vu la Rochelle ni les autres villes voisines, s'y veulent diriger en quittant Poitiers, toi, pendant ce temps, va d'un autre côté pour visiter les endroits que tu ne connais pas : vous pourrez vous déterminer un jour pour vous retrouver à Bordeaux, où les premiers arrivés attendront les autres.

Angoumois.

Tu vas visiter l'Angoumois, le Limousin et le Périgord. Je n'ai pas vu moi-même Angoulème, m'étant rendu directement à Limoges. Si tu veux y aller, tes amis de Poitiers sauront bien te renseigner à ce sujet. Ecoute cependant ce que dit Mérula du pays et du caractère des habitants : La contrée est fertile; elle produit d'excellents vins, du blé et du chanvre. On y trouve la forêt de *Braconne*, qui a plus de quinze cents arpents. La noblesse est illustre dans ce pays; les lettres y sont honorées; les habitants de la métropole et des autres villes ont une intelligence remarquable, un esprit élevé, une candeur parfaite; ils sont riches et adonnés au commerce. Ceux qui habitent la campagne sont laborieux, mais rudes et grossiers. Nés du reste pour la guerre, les uns comme les autres; ils se montrent courageux contre l'ennemi et ne redoutent rien. Il faut visiter dans les environs d'Angoulème plusieurs châteaux, bourgs et villages curieux.

Varsay.

Varsay, situé à environ huit mille pas de la ville, est célèbre par une découverte bizarre. En 1541, un cultivateur qui creusait un fossé pour planter un arbre, trouva un coffre de plomb de forme oblongue placé dans un sépulcre de pierre, de manière à ne le toucher d'aucun côté. Un couvercle recouvrait le coffre. Lorsqu'on l'enleva, on aperçut un corps humain qui tomba aussitôt en poussière ; mais par les os qui restaient, on pouvait juger que ce squelette était celui d'un homme de moyenne taille. On découvrit en outre une lame d'or, petite, très-mince, plus longue que large, et sur laquelle étaient écrites les sept voyelles grecques, disposées sur sept lignes de la façon suivante :

ΑΕΗΙΟΥΩ
ΩΥΟΙΗΕΑ
ΕΗΙΟΥΩΑ
ΥΟΙΗΕΑΩ
ΗΙΟΥΩΑΕ
ΟΙΗΕΑΩΥ
ΙΟΕΩΑΕΗ

Je laisse à deviner de tels secrets aux pythagoriciens et à ceux qui ont plus de loisir que moi.

N'oublie pas surtout d'aller voir, près d'Angoulême, l'incomparable rivière de Touvre.

Savigny. — Le Temple.

En faisant deux lieues au sud à partir de Poitiers, tu arrives à Savigny, et trois lieues encore, dans un bourg appelé le Temple, où, après avoir dîné, j'ai passé la nuit dans une assez bonne auberge.

A une lieue de là tu rencontres le bourg de Sinot, contre lequel se trouve un cimetière rempli d'une si grande quantité de cippes, qu'on imagine de raconter qu'après je ne sais quelle bataille, des pierres tombèrent du ciel pour recouvrir les morts. On nomme ce lieu le *Grand Cimetière.* A une lieue plus loin se trouve Lussac; à deux lieues, le bourg de Molimes; à trois lieues, celui de Bussière, où l'on dîne ; à deux lieues, Bonnivet; deux grandes lieues plus loin, Bellac, ville de deux cents maisons, où l'on peut passer la nuit. Le lendemain, après avoir fait trois lieues, on arrive à la Maison-Rouge ; et une dernière traite de quatre lieues vous amène à Limoges.

Limousin.

Cette ville est la capitale du Limousin, vicomté, qui a pour limites le Berry, le Bourbonnais, l'Auvergne, le Périgord et le Poitou (1). Cette province a un aspect un peu rude.

(1) Mérula fait remarquer que sur la frontière du Limousin, au point où cette province se croise avec le

Elle produit un vin médiocre. Parmi les céréales, c'est surtout le froment qu'on y trouve, mais dans certains endroits seulement. Elle abonde en châtaignes. Les habitants sont sauvages, les femmes laides, mais louées pour leur chasteté ; on ne laisse pas ici aux jeunes hommes, comme dans les autres parties de la France, la faculté de fréquenter librement les jeunes filles, et souvent on voit des gens s'unir qui ne se sont jamais parlé. Tu trouveras dans le Limousin une population industrieuse, détestant l'oisiveté, sobre, méprisant les délices, et atteignant en conséquence un grand âge.

Patois du Limousin.

Elle parle une langue barbare qu'un habitant de la France centrale peut à peine comprendre. Le Limousin se divise en deux parties; le haut Limousin, capitale Limoges, et la marche Limousine, dans laquelle se trouvent trois villes célèbres, Tulle, Brives, Uzerche : la dernière, arrosée par la Vezère, est regardée comme im-

---

Berry, le Bourbonnais et la Limagne, entre la ville d'Argenton et le bourg de Maison-Neuve, se trouve un orme très-vieux, dont les branches s'étendent sur les quatre provinces : ainsi les quatre princes qui les gouvernent peuvent conférer ensemble en restant chacun sur leur territoire. — On se rappelle que, d'après Jodocus, il y avait à Bourges un tilleul qui indiquait le centre de la France.

prenable ; de là le proverbe : qui a maison à Uzerche, a chasteau en Limosin.

Limoges.

La ville de Limoges, cité très-commerçante et très-peuplée, est située près de la Vienne, entre des collines garnies de vignes, et sur une pente dont elle couvre en partie le sommet, en partie la base. Elle montre de loin à ceux qui arrivent, les extrémités de ses hautes tours. Assez bien fortifiée, elle a des maisons de bois, mais qui ne manquent pas d'élégance : elles ressemblent à celles qu'on voit dans la Saxe inférieure. Au temps de César, c'était une des cités les plus puissantes de la Gaule. J'ai remarqué que les murailles des jeux de paume sont pareillement de bois. En haut de la ville est une source abondante qui alimente divers petits ruisseaux courant de côté et d'autre pour nettoyer les rues. La cathédrale, dédiée à St. Etienne, fut fondée par St. Martial, qui prêcha le premier la foi chrétienne dans cette contrée. Limoges possède un évêché et un présidial.

Les frères Mabreaux.

Nous avons vu ici et nous avons salué les frères Mabreaux, ces deux ouvriers incomparables dont l'habileté dépasse tout ce qu'on pourrait croire. Entre autres curiosités, nous avons admiré chez eux une paire de couteaux dont on pouvait se servir pour couper du bois, tandis qu'avec leur gaine et une petite chaîne d'or de cent vingt anneaux, ils ne pesaient pas plus de deux grains.

Néson.

En partant de Limoges, tu gagnes Néson, situé à quatre petites lieues, et tu vas dîner deux lieues plus loin, au bourg de la Fargue.

Thiviers.

Il te faut faire ensuite quatre grandes lieues à travers des bois et des endroits incultes ; tu trouves alors Thiviers, dont la meilleure auberge est celle à l'enseigne de St-Jacques. Il te reste de là cinq lieues encore pour atteindre le Périgord.

Périgord.

Cette province est bornée au levant par le Quercy, au nord par le Limousin, au couchant par la Saintonge, au midi par la Gascogne. C'est une contrée montueuse, pierreuse, abondamment boisée, produisant beaucoup de châtaignes, et assez semblable au Limousin. Mais cependant le vin y est très-supérieur, surtout dans la vallée qu'arrose l'Ile, et sur les collines. On peut s'y occuper à son aise de botanique, à cause de la grande quantité de simples qu'elle produit. L'air y est très-pur, les maladies rares. Les rivières et les ruisseaux y abondent, étant ainsi fort utiles pour les moulins et les forges dont la province est remplie. On montre quelques curiosités dans le pays.

Marsac.

Il faut mentionner d'abord, dans le voisinage du bourg de Marsac, une fontaine qui a un flux et un reflux à l'instar de la mer. Près de la ville de la Linde, il y a une source jaillissante, semblable à celle de la Grimaudière en Poitou, et qui jette ses eaux à cinquante pieds en l'air.

Le Cluseau.

Mais ce qu'il faut voir surtout, c'est le *Cluseau*, caverne située près de Miramont, et s'étendant à cinq ou six lieues sous terre, à ce qu'on dit du moins. On ajoute qu'elle renferme des salles et des chambres pavées de mosaïques, des autels et des peintures, des vestiges de toutes sortes d'animaux, des sources et des rivières dont l'une aurait plus de cent pieds de large. On y aperçoit, en outre, une grande plaine qui s'étend au loin ; mais personne n'a jamais osé s'avancer jusqu'à elle. Lorsqu'on veut visiter cette grotte, on se garde bien de le faire sans être accompagné de plusieurs personnes qui portent des torches; car la caverne ne reçoit d'autre jour que celui qui vient par l'entrée. Il y a, dit-on, une grotte semblable dans le pays de Comminges ; mais moins vaste pourtant. Il est croyable que, dans l'une comme dans l'autre, on a offert des sacrifices à Vénus. Je m'empresse d'ajouter que je n'ai rien vu de toutes ces choses et que je rapporte seulement les paroles de Mérula.

Périgueux.

La capitale du Périgord est Périgueux, qu'on appelait autrefois Vesuna. C'est une ville épiscopale, située dans une vallée très-agréable et entourée de collines de tous côtés. On soutient que son antiquité est prodigieuse et qu'elle fut fondée par les descendants de Noé lorsqu'ils arrivèrent dans les Gaules. Je laisse de côté ces prétentions suspectes, et je remarque seulement que la cité a beaucoup perdu de ses dimensions depuis les Romains, comme l'attestent toutes les ruines, les colonnes, les voûtes qu'on y trouve.

Elle se divise en deux parties, séparées l'une de l'autre par une centaine de pas. L'ancienne ville qui porte par excellence le nom de cité sert de demeure à l'évêque.

Les Rolphies.

Les ruines qu'on y remarque sont celles d'un amphithéâtre de forme ovale appelé *les Rolphies* ou encore *Caçarota*.

Tour de Visonne.

Non loin de là se trouve une ancienne tour

que le peuple désigne par le nom de Visonne. Elle est ronde et vaste ; elle a environ cent pieds de haut, et ses murailles comptent sept pieds d'épaisseur. Armée extérieurement de clous de fers, garnie à l'intérieur d'un ciment très-dur fait de chaux et de briques, n'ayant de plus ni portes ni fenêtres, elle a donné lieu à bien des conjectures. On a découvert deux passages souterrains qui y donnaient accès, et l'on croit que c'était une chapelle consacrée à Vénus.

La ville a des rues étroites et sales. Ses maisons ne se distinguent pas par leur propreté. La cathédrale est un ancien monument fort curieux. Choisis-toi pour hôtellerie celle qui a pour enseigne *Aux Anges*, dans le faubourg ; tu y seras en meilleur air que dans la ville, à l'auberge de Sainte-Madeleine.

Je n'ai jamais vu des femmes plus laides qu'en ce pays ; beaucoup ont des défauts corporels ; ainsi, par exemple, elles sont bossues, elles boitent, elles louchent, et elles augmentent encore leur laideur par la mauvaise façon dont elles s'habillent. Cependant je ne parle que du vulgaire, et lorsque Mérula exalte la beauté des femmes du Périgord, il faut croire qu'il avait en vue la noblesse.

Patois du Périgord.

Le dialecte qu'on parle dans cette province est un des plus mauvais de tous.

D'ici, la rivière appelée Ile coule vers Libourne, en coupant une vallée ravissante semée de champs, de prés et de vignobles. Ce qui charme surtout les yeux, c'est de voir les ormes et d'autres arbres très-élevés, mariés aux vignes. Tu croirais que leurs rameaux portent eux-mêmes des grappes. Autant la ville de Périgueux a quelque chose de lugubre, autant cette vallée plaît et attire.

Montansier.

Après avoir dîné en ce lieu, tu feras bien d'aller passer la nuit dans un grand bourg nommé Montansier, à trois lieues de distance. J'ai oublié l'enseigne de l'auberge; mais celle-ci est située près du fleuve et très-satisfaisante.

Mucidan.

Trois lieues plus loin, tu rencontres la ville de Mucidan, dont les murailles furent demantelées à coups de canon, en 1569. Il y a une bonne hôtellerie, à l'enseigne du *Cheval-Blanc*.

Montpont.

Tu fais trois lieues encore pour gagner Montpont, jolie ville, située dans une riante vallée. Six petites lieues te restent avant d'atteindre Libourne, cité de construction assez récente, mais très-agréable. Elle est traversée par la Dordogne. Ses maisons sont couvertes d'ardoises. Le parlement de Bordeaux y fut transporté quelquefois, lorsque des épidémies désolaient la capitale de la Guyenne.

Fronsac.

Tout auprès se trouve le château de **Fronsac**, situé au sommet d'un mont, et dont on a muni récemment les anciennes murailles de tranchées, de fossés et de redoutes. C'est le comte de Saint-Paul qui commande ici. De Libourne on descend par eau jusqu'au château de Braine, éloigné de deux lieues.

Pays entre deux mers.

En ajoutant quatre lieues encore, qu'il faut fournir sur la langue de terre enfermée entre la Dordogne et la Garonne, et appelée *le Pays entre deux mers*, tu arrives à Bordeaux. Si, par hasard, tu es en retard, tu pourras passer la nuit dans l'auberge du *Saint-Esprit*, située sur la rive droite de la Garonne.

C'est ici qu'il te faut attendre les compagnons dont tu t'es séparé en quittant Poitiers, ou, ce que je préférerais, car tu as vu autrefois Bordeaux, c'est ici que tu devras les rejoindre, et alors tu leur parleras de tout ce que tu as visité, soit des lieux incultes, soit de la charmante vallée de l'Ile, soit de deux nobles villes, ou de trois si tu as été à Angoulême.

Si, par hasard, vous êtes partis tous ensemble de Poitiers pour continuer le voyage, alors il te serait inutile de revenir à Bordeaux; il vaudrait mieux, en quittant Libourne, incliner sur la gauche, et visiter les endroits suivants : Sainte-

Foix, Bergerac, Marmande, Nérac, Agen, et continuer ta route comme je te l'indiquerai plus bas.

Excursion en Espagne.

Il y a des étrangers qui joignent à leur voyage de France un tour en Espagne ; prenant un interprète, ils se rendent d'abord à Bayonne, ville qui jouit de ce privilége, que personne, excepté le roi et les princes du sang, ne peut y entrer armé. De là, ils pénètrent par la Navarre en Castille et reviennent en France par Perpignan.

Pau.

D'autres faisant un moins long détour, gagnent Bayonne et, de là, Pau, célèbre par son magnifique château et par la naissance d'Henri IV, puis se dirigeant sur Nérac, où le même prince fut élevé, ou sur Toulouse, ils rentrent dans le plan de mon itinéraire.

Nérac.

Nérac, capitale du duché d'Albret, est une ville très-riche, si je m'en rapporte aux auteurs que je copie ici. Le château y est remarquable; on y trouve des vergers et un grand jardin où l'on peut se promener au milieu des lauriers, des grenadiers et des cyprès. L'un de ces derniers arbres, planté par la main d'Henri IV, s'est élevé à une hauteur considérable, présageant sans doute ainsi quels honneurs attendaient le jeune prince. On voit aussi là une fontaine dédiée au Dauphin ; elle est revêtue d'une inscription élégamment tournée.

Marmande.

Du reste, le voyage direct de Bordeaux à Toulouse doit se diviser ainsi : Cadillac, cinq lieues; Saint-Macaire, cinq lieues ; La Réole, deux lieues; Marmande, jolie ville où tu trouveras, en descendant à l'auberge des Trois-Rois, non-seulement une excellente chère, mais, d'après une coutume établie depuis plusieurs années, un hôte qui te donnera l'accolade, trois lieues; Tonneins, trois lieues; Aiguillon, une lieue; Port Sainte-Marie, petite ville dans le voisinage de laquelle tu pourras admirer une plaine d'une fertilité merveilleuse, qui s'étend de toutes parts en amphithéâtre, une lieue; Agen, deux lieues; la Magistère, trois lieues ; Malauze, où il faut passer la rivière, deux lieues; Castelsarrasin, deux lieues ; Grizolle, quatre lieues ; Toulouse, deux lieues; tous ces endroits, dis-je, sont éloignés l'un de l'autre comme je viens de le noter.

Il vaudrait mieux cependant incliner sur la gauche, et, de Malauze, gagner Toulouse par Moissac, Montauban, Fronton, Castelnau et Saint-Georges. Si tu suis cet itinéraire, il y a trois villes qu'il ne faudra pas négliger de visiter : Agen, Moissac et Montauban.

Agen.

Agen, autrefois capitale des Nitiobriges, est maintenant celle de la comté d'Agenois. C'est une ville épiscopale, qui possède un présidial. D'une haute antiquité, elle est située sur la rive de la Garonne, dans un territoire qu'on pourrait appeler la graisse de la France. On y voit deux églises très-anciennes, la cathédrale, dédiée à saint Etienne, et l'église collégiale, dédiée à saint Caprais.

Maison de Scaliger.

C'est ici qu'habitait ce miracle du monde, Jules-César Scaliger. On voit encore sa maison en face du couvent des Cordeliers.

Moissac.

Moissac, ancienne ville du Quercy, est situé sur la rive du Tarn, qui, une demi-lieue plus bas, mêle ses eaux troubles aux limpides ondes de la Garonne. On voit à Moissac une belle église, dont le porche est soutenu par une colonne de marbre d'un travail précieux. Du côté du nord, cet édifice se trouve adossé à une colline couverte de vignes. On dit que Saint Cyprien fut enterré dans le monastère de Saint Benoît. Il y a eu autrefois là un pont de pierre dont il ne reste plus que des fragments et la tour d'entrée, du côté de la ville. Les rues de celle-ci sont larges et bien pavées. On trouve dans le aubourg une auberge, *A l'Escu de France.*

Montauban.

Montauban, ville épiscopale, située également sur la rive du Tarn, possède un faubourg bien fortifié avec lequel elle communique au moyen d'un pont, et où se trouve une excellente hôtellerie, *Aux Trois Marchands*. Elle est célèbre pour avoir soutenu avec honneur trois siéges pendant les guerres civiles. Depuis on l'a beaucoup augmentée et entourée de nouvelles murailles, de sorte qu'on la compte aujourd'hui parmi les plus fortes villes de France. On fait ici, comme à Moulins et à Castelnaudary, un grand commerce d'instruments d'acier. Il faut y voir une fontaine qui rejette l'eau par dix tuyaux différents. Non loin des murailles se trouve une colline appelée *Faumontaigne*, ou quelque chose d'approchant, qui produit un vin délicieux.

Je passe sous silence les autres villes du Quercy, que tu n'as pas besoin de visiter. Laisse-moi cependant ajouter que la capitale du pays est Cahors, et possède un évêché et une université.

Puèch d'Usselou.

Près de la ville de Martel, sur la frontière de la province, se trouve, en haut d'un rocher escarpé, une très-ancienne cité nommée Puèch d'Usselou. Il en est question dans le livre de la guerre des Gaules, ajouté ordinairement aux Commentaires de César. Il n'est pas de paysan, prétend Mérula, qui ne puisse répondre en citant le nom de César, quand on l'interroge à ce sujet.

Voilà les quelques villes dont j'ai voulu te parler avant d'arriver à l'illustre cité de Toulouse et de commencer avec toi le voyage du Languedoc.

Languedoc.

On a cherché diverses étymologies ridicules pour expliquer le nom de cette province ; mais la véritable raison est que les habitants du Languedoc disant *oc* pour *oui*, le pays a tiré de là sa dénomination (1). Il est borné à l'orient par le Rhône, au midi par la Méditerranée et les Pyrénées, au nord par l'Auvergne et le Forez, au couchant par la Gascogne. Ce pays et la Provence sont les provinces de France les plus voisines de l'équateur. Leurs dernières villes sont situées en effet par le quarante-deuxième degré de latitude.

Le Languedoc abonde en productions que ne permettrait pas un climat plus rude : tels sont les citrons, les oranges, les grenades, les amandes, les figues, les olives. Il produit aussi

(1) Encore aujourd'hui on dit *ò* pour *oui* dans tout le midi, et les Languedociens appellent leur pays *Lengadò*. Dans quelques districts cependant on dit *sì*, comme en italien.

d'excellents vins qu'on exporte de tous côtés. L'un des meilleurs est le muscat de Frontignan, qu'on appelle en Allemagne *muscat de Lyon*, parce qu'il passe par cette ville pour arriver jusqu'à nous.

On trouve encore abondamment en Languedoc le pastel, herbe qui sert à la teinture et qu'il est assez rare de rencontrer ailleurs. Les collines et les roches sont couvertes de romarin, qui croît ici aussi fréquemment que le genévrier en Allemagne, ou que les ronces et les épines, et entre les touffes duquel on voit se glisser le nard et d'autres herbes odoriférantes. De là vient l'usage qui existe en Provence et en Languedoc de se servir de romarin au lieu de bois, pour chauffer les chambres. En revanche, on ne trouve guère en Languedoc de saules ni d'arbres de même nature. Les prés et les pâturages arrosés manquent également. Cet inconvénient fait estimer plus qu'autre part la chair de bœuf et de mouton, et rend plus considérable la consommation de la volaille.

Patois du pays.

On parle dans cette province un très-mauvais dialecte de la langue ; c'est vouloir se nuire à soi-même que de se rendre ici et d'y rester longtemps dans le but d'y apprendre le français.

Toulouse.

Toulouse, autrefois la principale ville des Volces Tectosages, plus tard capitale du royaume des Goths, et aujourd'hui presque l'égale de Paris, a gardé fidèlement son ancien nom. On fait venir quelquefois celui-ci de Tholus, descendant de Japhet; d'autres, plus modestes, se contentent de recourir aux Troyens. Ce qu'il y a de certain, c'est que la ville fut très importante sous les Romains, qu'elle avait alors une étendue égale à celle d'aujourd'hui, qu'elle fut décorée par les vainqueurs d'un amphithéâtre et d'un capitole, honneur dont ne jouirent après elle que Narbonne et Carthagène. Les vestiges du dernier existent encore : on pense du moins les retrouver dans cet édifice de forme ronde qu'on voit près de l'endroit appelé *l'Inquisition*. Deux églises, l'une consacrée à la Vierge, l'autre à Saint-Quentin, étaient, dit-on, dédiées originairement à Jupiter Ammon et à Apollon. On prétend même que le nom de la rue *Portaire*, vient de *Porta arietis*, et a ainsi gardé le souvenir du dieu qui avait pour insignes des cornes de bélier. La plupart des maisons de la ville sont construites en briques ; comme celle-ci est coupée en deux par la Garonne, elle se trouve appartenir d'un côté à la Gascogne, de l'autre au Languedoc : mais un pont de bois en réunit les deux parties, en attendant l'achèvement d'un grand pont de pierre dont les piliers ont déjà dépassé le niveau de l'eau. Elle est très peuplée, la fertilité du territoire environnant lui fournissant des victuailles en abondance.

Les comtes de Toulouse étaient autrefois très-puissants. Mais Alphonse, frère de saint Louis, ayant épousé Jeanne, fille du comte Raymond, et étant mort sans postérité, laissa cette province à la Couronne.

La ville tire aujourd'hui un grand éclat soit de son parlement, soit de son université où affluent beaucoup d'étudiants, et qui est la grande nourrice de la jurisprudence. Les papes Jean XXII et Innocent VI dotèrent cette université d'importants privilèges. Malheureusement ceux qui les ont obtenus en abusent d'une manière étrange, et s'en servent pour rançonner les voyageurs français ou étrangers. Les grands, les gens de moyenne condition, les petits, ils dépouillent tout sans pudeur. Il faut donc bien se garder d'eux lorsqu'on se promène dans les rues pour examiner la ville.

Saint-Etienne.

Le feu détruisit, il y a quelques années, la cathédrale dédiée à saint Etienne, par l'imprudence d'un sacristain qui serra les cierges avant qu'ils fussent entièrement éteints. La flamme dévora toutes les parties boisées de l'édifice. On l'a restaurée aujourd'hui en remplaçant le toit de bois par une voûte de pierre. On y voit, dit-on, une des plus grandes cloches qui existent dans le monde. J'ai lu dans le cloître les épitaphes de Pascal et de Guillaume Philandrier, connus par leur commentaire sur Vitruve.

Saint-Saturnin.

L'église collégiale, dédiée à saint Saturnin, est un bel édifice qui a une double destination, car on a placé, dans le haut, des canons pour défendre la ville et pour comprimer, au besoin, des émeutes. On a disposé l'intérieur de telle sorte que, bien que le plafond soit soutenu par une quantité de colonnes à plusieurs angles, il est cependant impossible de chercher un refuge dans la nef, sans être atteint par les projectiles qui viennent d'en haut. On voit près du chœur les statues en bois des douze apôtres, qui, à ce qu'on prétend, fléchirent le genoux, au moment où deux ouvriers venant à passer, lancèrent des blasphèmes contre le Sauveur. Sur un tableau suspendu en face, on peut lire la relation de ce miracle. On raconte que l'image de saint Jacques s'étant inclinée jusqu'à terre, une jeune fille la prit sans être aidée par personne, et la remit à sa place. Dans une crypte, on montre, enfermés dans des châsses d'argent doré, les corps et les têtes de plusieurs saints personnages. Lorsqu'on obtient la permission de les voir, on reçoit en même temps des lettres patentes portant quatre cent quatre-vingt-douze années d'indulgence. Au-dessus de la porte d'entrée on lit ce distique latin : « Tu peux parcourir toute la terre, tu ne trouveras pas de lieu plus saint. »

Une partie réservée du chœur, entourée de grilles de fer, renferme le corps de saint Saturnin, conservé dans une châsse d'argent doré. Un misérable ayant osé, une nuit, se glisser à travers les barreaux dans l'endroit où ils laissent un peu d'espace, et ayant mutilé la châsse, essaya ensuite vainement de se retirer; il fut saisi le lendemain, et brûlé devant l'église.

On montre ici la place où se trouvait autrefois le lac dans lequel les Tectosages, pour détourner une peste cruelle dont ils étaient affligés, jetèrent, sur l'ordre de leurs prêtres, tout l'or qui provenait de leurs rapines, et particulièrement du pillage du temple de Delphes, dépouillé par Brennus. Ce trésor s'élevait à des sommes considérables. Le consul romain Caepio s'en empara longtemps après ; mais cet acte sacrilège, dit l'historien Justin, fut cause de sa perte et de celle de son armée. C'est ainsi que l'or de Toulouse passa en proverbe pour désigner des richesses qui portaient malheur à leur possesseur.

La Daurade.

L'église de la Daurade renferme un baptistère de marbre noir veiné de filets blancs. Les degrés par lesquels on y monte sont de marbre également. Il y a là aussi un magnifique autel de bronze.

Si je suis forcé de passer sous silence toutes les autres églises, je mentionnerai cependant celle de Saint-Dominique, qui, malgré ses petites dimensions, est un chef-d'œuvre dans son genre.

Capitole.

L'hôtel-de-ville, décoré du nom de Capitole, est un splendide édifice. A l'entrée se trouvent des soldats et des huissiers qui vous enlèvent vos armes. Sous le portique de la cour tu aperçois à gauche un portrait de Charles IX, et au-dessus de l'entablement, vis-à-vis de l'entrée, une statue de Henri IV, avec une inscription latine faisant l'éloge du monarque.

A gauche de l'entrée intérieure est une peinture représentant le Dauphin de France, fils de Charles VII, qui entra à Toulouse avec son père, ayant sa mère en croupe. Ce tableau fut peint en 1569 et refait en 1615. En tournant à droite, tu pénètres dans la salle où se réunit le parlement de Toulouse ; une statue de femme en marbre blanc y est placée, avec une longue inscription gravée sur bronze, qui explique l'institution des jeux floraux (1)

(1) Voici la traduction française de cette inscription :
« Clémence Isaure, fille de Louis Isaure, de l'illustre famille des Isaure, s'étant vouée au célibat, com-

Jeux Floraux.

Quatre fleurs étaient peintes en dessous de cette inscription : c'étaient, si je ne me trompe, la violette, l'églantine, le souci, et je ne sais quelle autre encore.

Les jeux floraux, qui avaient lieu autrefois dans la France entière, se célébrent ici tous les ans au mois de mai, le jour de la Sainte-Croix. On propose un sujet aux jeunes gens, et ils composent là dessus des vers dans la langue du pays. Les vainqueurs remportent pour prix des fleurs d'argent. Mais on les invite en outre à un repas splendide, qui coûte environ quatre cents livres. Sur la porte de la salle du festin, on lit ces mots : « La vie a pour compagne la vertu, la mort a pour compagne la gloire. »

Dans l'angle gauche du *petit consistoire*, on a

me l'état le plus parfait, et ayant vécu cinquante ans vierge, établit pour l'usage public de sa patrie, les marchés au blé, au vin, au poisson et aux herbes, et les légua aux Capitouls et aux citoyens de Toulouse, à condition qu'ils célébreraient chaque année les Jeux Floraux, dans l'hôtel-de-ville qu'elle avait fait bâtir à ses dépens; qu'ils y donneraient un festin, et qu'ils porteraient des roses sur son tombeau ; que s'ils négligeaient d'exécuter sa volonté, le fisc s'emparerait, sous les mêmes charges, sans autre forme de procès, des biens légués. Elle a voulu qu'on lui érigeât en ce lieu un tombeau où elle repose en paix. Elle a fait cette inscription de son vivant. »

placé un tableau représentant saint Saturnin, patron de la ville, qui fut massacré par le peuple et traîné par un taureau jusqu'à l'emplacement occupé par l'église qui porte son nom, et d'où il fut, dit-on, impossible de chasser l'animal. Une peinture analogue, mais grande, se trouve à l'entrée d'une église de la grand'rue par laquelle on rapporte que le saint fut traîné. Dans le même consistoire, on voit un autre tableau représentant un roi et une reine mariés par un évêque ; sous leurs pieds est un cartouche bizarre, qui représente un cœur inscrit dans un carré ; le cœur renferme deux sceptres fleurdelysés en sautoir, avec une épée en pal passée derrière, et cette inscription latine : *Duo protegit unus.*

On trouve là encore, sur un marbre noir, la formule antique : « Que les consuls veillent à ce qu'il n'arrive rien de fâcheux à la république. » Au-dessous est une peinture symbolique représentant un jeune homme couronné de laurier et tenant un sablier ; à sa droite est la Prudence avec un hibou sur l'épaule, et quatre vers latins placés plus bas expliquant cet ensemble un peu énigmatique.

Il faut visiter la galerie de tableaux, où tu verras une Psyché contemplant, à la lumière d'une lampe, Cupidon endormi, mais remarquer aussi çà et là dans les salles et dans la cour, les portraits des magistrats de la ville, revêtus de leurs habits d'apparat.

Le palais du parlement est un édifice également remarquable, et très bien décoré à l'intérieur ; c'est Philippe-le-Bel qui le fit construire.

Le Bazacle.

Si tu ne crains pas de descendre dans des lieux plus humbles, rends-toi au Bazacle ; tu verras là des moulins ingénieusement construits, mais bien différents des nôtres ; car les roues, au lieu d'être droites et suspendues, sont placées horizontalement, et ont un diamètre beaucoup plus petit qu'il n'est ordinaire d'en voir. Ce moulin avait quinze roues ; mais il fut considérablement endommagé par un débordement de la Garonne, qui arriva le 14 mai 1612, pendant que j'étais à Toulouse.

Dans le cas où tu aurais quelques commissions pour Lyon, durant ton séjour ici, tu peux les donner au nommé Montault, *devant les pénitents bleus* ; c'est un homme fidèle et diligent. Après avoir vu tout ce que je t'ai indiqué et peut-être d'autres choses encore, si un hasard heureux te favorise plus que moi, tu laisseras cette grande cité pour en visiter de moins populeuses.

Villefranche.

D'abord celle de Villefranche, où tu dineras dans l'auberge de la *Sainte-Vierge*. Le commerce du pastel est ici très-étendu. On recueille cette plante sept fois par an, m'a-t-on dit, et le pays fait un gain annuel de plus de cent mille couronnes.

Castelnaudary.

Tu passeras ensuite par Castelnaudary, où tu remarqueras un nombre énorme de moulins à vent.

Après cette ville, tu trouveras Villenouvette, puis Villepinte, où tu devras manger et boire, et enfin Villesèque, après laquelle tu rencontreras Carcassonne, qui te retiendra une demi-journée.

Carcassonne.

Cette ville est très ancienne. Elle possède un évêché et est divisée en deux parties. L'une d'elles, appelée *la Cité*, est située sur une colline; on n'y peut entrer que par une seule porte, et ses fortifications sont considérables. Il faut déposer ses armes avant de s'y introduire. L'église cathédrale est dédiée à saint Erasme, et renferme un tableau qui représente le martyre du bien heureux. Hors de la ville, tu verras gravé sur une des pierres de la muraille, le portrait d'une femme qui s'était opposée à ce qu'on livrât Carcassonne aux Sarrazins. L'Aude arrose également la haute et la basse ville. Cette dernière est fortifiée avec soin; ses rues construites régulièrement font plaisir à voir. Le milieu est occupé par une place d'où s'échappent quatre rues qui permettent d'apercevoir les remparts. Ce qui nuit à l'aspect de la ville pourtant, c'est que la plupart de ses maisons sont de bois. On fabrique ici des peignes et des boîtes de buis qu'on vient offrir dans les auberges, à très bon marché ; tu auras soin de te loger *à la poste*, où tu paieras quarante sous par jour pour toi et ton cheval.

Mours. — Lezignan.

Après avoir quitté ce lieu, j'ai été dîner avec mes compagnons dans le village de Mours (d'autres s'arrêtent dans la ville de Lezignan) et ensuite nous sommes entrés sur le territoire de Narbonne, en passant par des gorges sauvages que parfumaient l'odeur du romarin et celle de diverses herbes odoriférantes.

Narbonne.

Narbonne, qui a donné son nom à la Gaule Narbonnaise, fut ainsi nommée soit du fleuve Nerbon, soit d'un certain Narbon, ancien roi des Gaules. On l'appela tantôt *Narbona*, tantôt *Martius Narbo*, tantôt *Julia Paterna*. Les Romains, qui l'aimaient beaucoup, y élevèrent des bains, des aqueducs, un amphithéâtre et un capitole. Elle servait aussi de résidence aux proconsuls. Aujourd'hui elle possède un archevêché. Sidoine Apollinaire a fait son éloge en vers phaleuques. Ses fortifications sont très-considérables, mais construites à l'ancienne manière. Tout autour s'étend une plaine extrêmement fertile (1). La ville est divisée par l'Aude, et le pont qui la traverse est couvert, à l'instar d'une rue, de maisons, dont les fenêtres donnent sur le fleuve.

On a commencé à construire l'église de Saint-Just, qui doit servir aussi à la défense de la ville ; la tour qui y est contiguë a quatre cents degrés. L'orgue de l'église mérite d'être remarqué ; car, bien qu'il soit divisé en plusieurs parties, c'est un seul soufflet qui les fait marcher. On voit là les tombeaux de plusieurs archevêques ; mais ce qu'on estime surtout, c'est un tableau représentant la résurrection de Lazare, dans lequel on vous engage à considérer : 1° la main gauche de Marthe agenouillée ; 2° la main droite du Christ ; 3° les cheveux

---

(1) L'if, arbre vénéneux qui abondait dans la Gaule, si l'on en croit César, était si pernicieux aux environs de Narbonne, d'après le rapport du botaniste Dioscorides, qu'on était gravement malade et qu'on mourait même pour s'être assis à son ombre. Ceci est une fable ; mais ce que dit Pline de vases faits de bois d'if, pouvant empoisonner ceux qui y boivent, n'est pas impossible, car il suffit de quelques rameaux de cet arbre, mêlés par hasard au fourrage, pour donner la mort au gros bétail.

blancs et la barbe de saint Pierre. Cette peinture fut dessinée par Michel-Ange ; mais Sébastien Del Piombo la termina (1). On nous raconta que le roi en avait offert huit mille couronnes, et qu'ayant éprouvé un refus, il avait envoyé un peintre avec ordre d'en prendre une copie, qui avait demandé une année entière à celui-ci. Tu verras, en outre, à Saint-Just des chapelles dans l'une desquelles se trouve une belle sculpture représentant le jugement dernier.

Il y a une quantité de monuments antiques sur les remparts et dans les forts ; mais on ne les peut visiter sans une permission du gouverneur, qui interdit expressément de les dessiner, sans doute parce qu'on pourrait, sous ce prétexte, lever le plan des fortifications. Ce gouverneur est du reste un homme aimable, dont tu n'auras qu'à te louer. Nous étions descendus à l'auberge de l'*Ange*, où nous nous trouvâmes très-bien traités.

A un jour de marche se trouve Perpignan (2);

(1) Ce tableau se trouve aujourd'hui en Angleterre, dans la *national gallery*.

(2) Lopez Zuniga, pélerin espagnol, auteur d'un *Itinéraire d'Alcala à Rome*, décrit ainsi la ville de Perpignan qu'il visita vers l'année 1520 : « Perpignan est situé dans le diocèse d'Elne, au milieu d'un territoire qui produit en abondance le blé, le vin et l'huile. C'est la plus grande et la plus belle ville de tout le Roussillon

c'est la première ville de l'Espagne, et beaucoup la visitent pour pouvoir se vanter ensuite d'avoir au moins effleuré la péninsule. Pour nous, de ce point extrême de la France, il nous faut rétrograder dans l'intérieur.

En se rendant de Narbonne à Béziers, on passe l'Aude, près d'une colline au sujet de laquelle les habitants ont fait ce calembour : *J'ay veu d'une montaigne quarante et deux villes*, cette phrase fait allusion aux deux villes de Narbonne et de Béziers, et à un village nommé *Quarante* (1).

et même de la Catalogne, à l'exception de Barcelonne. Elle possède une forteresse importante, où il y a une garnison de cent cinquante hommes. On y passe le Té, rivière qui l'arrose, sur un pont de pierre qui a mille pas de longueur. Nous avons vu dans cette cité plusieurs choses dignes de mémoire. Elle renferme un monastère de frères prêcheurs dont l'église est fort belle ; on conserve, dans cette dernière, parmi d'autres reliques, une partie du bras de saint Jean-Baptiste, qu'un pélerin avait déposé entre les mains des religieux, mais qui leur resta, l'étranger n'ayant jamais reparu. La boite dans laquelle est contenue cette relique est couverte de peintures et de vers en langue grecque. »

(1) Les méridionaux aiment beaucoup cette sorte de jeux de mots. Lorsque, dans le département de Vaucluse, où il y a une ville appelé le Thor, on dit à un paysan : « Vous avez tort. » Il ne manque jamais de répondre : *S'aviéon Tor, sayéon ben ritsé* (Si j'avais Thor, je serais bien riche).

Béziers.

La ville de Béziers est située sur une colline dont la rivière appelée Orbe arrose la base. On y remarque l'église de Saint-Lazare pour les beaux points de vue qu'elle permet de contempler, le collége des Jésuites, et l'hôtellerie de la Croix-Blanche, dans le jardin de laquelle on voit encore les ruines d'un théâtre antique. Lorsque les voyageurs y arrivent, trois ou quatre jeunes filles des meilleures familles, et choisies parmi les plus jolies, viennent vous prier, au nom des pauvres, de leur faire une aumône. Donne suivant tes moyens, certain que le jour même elles verseront dans la caisse de l'hôpital ce qu'elles auront reçu, car ici ce n'est pas comme dans le reste du Languedoc, où l'on ne veut dépenser de l'argent que pour les danses et les festins. Il y a à Béziers un château, qui est mal fortifié, et quelques inscriptions antiques ; mais elles n'ont pas passé sous mes yeux.

Saint-Tubéry.

Si tu vas de là à Montpellier en ligne directe, il te faudra traverser le bourg de Saint-Tubéry. Dans le monastère est une cellule où l'on garde les fous pendant quatorze jours ; on les conduit ensuite dans une chapelle souterraine où on les laisse jusqu'à ce que la raison leur revienne. De là est née cette plaisanterie : *Allez à Saint-Tubéry pour devenir sage.*

Pézénas.

Si tu prends le chemin de gauche, qui est celui que je préfère, tu rencontres, au bout d'une demi-journée de voyage, Pézénas, gracieuse ville, située au bord de l'Hérault, et bien fortifiée. Non loin de là se trouve *La Grange*, campagne agréable où le connétable de Montmorency vit dans la retraite. Un jour de marche t'amène à Montpellier, cité dédiée aux Muses et aux Grâces, où tu feras bien de choisir pour résidence l'auberge du *Cheval-Blanc*.

Montpellier.

Quelques auteurs dérivent Montpellier de *Mons puellarum*, comme si la ville tirait son nom de ses filles célèbres par leur beauté, quoiqu'elles aient toutes le teint un peu trop brun. C'est une erreur grave de confondre cette cité avec l'ancienne Agatha, qui est l'Agde moderne. Elle est située en partie sur une colline, en partie en plaine, entourée de solides murailles et d'un aspect très-agréable. Malgré l'assertion de Mérula et de ceux qui l'ont copié, il faut remarquer qu'elle ne se trouve pas à dix lieues de la mer, mais à une lieue seulement. Ses rues sont étroites, ses maisons très-élevées : les rayons du soleil en sont ainsi moins ardents. Les anciens Romains construisaient de même leurs villes pour se défendre de la chaleur, et Tacite, dans le XVe livre de ses Annales, affirme qu'il est plus salutaire d'avoir des rues étroites que de larges voies où l'on ne trouve aucune ombre (1).

Université.

La ville possède un évêché (2). Elle est surtout célèbre par son université où l'on étudie la médecine plus fortement que les autres sciences, sans doute parce que cette université ayant été érigée vers le temps où les Sarrazins furent chassés d'Espagne, les disciples d'Avicenne et

(1) Dans plusieurs villes du Midi, à Avignon notamment, on se défend de la chaleur du soleil en suspendant au-dessus des rues de grandes toiles qu'on attache d'une maison à l'autre. Jodocus ne mentionne nulle part cet usage ; peut-être n'existait-il pas de son temps.

(2) L'érudit portugais Gaspard Barreiros, mort en 1610, auquel on doit une *Chorographie* dans laquelle il décrit les villes de France, après avoir fait un grand éloge de Montpellier, rappelle que saint Roch y était né en 1295 et fut d'abord seigneur du territoire environnant; qu'à l'âge de 20 ans il abandonna sa dignité, distribua tout son bien aux pauvres, et partit pour l'Italie, où il se dévoua au service des pestiférés. Rentré ensuite dans sa ville natale, comme la guerre y sévissait, il fut pris pour un espion et jeté dans un cachot où il mourut au bout de cinq ans de captivité. Lorsqu'on le déshabilla pour l'ensevelir, ses parents le reconnurent à un signe en forme de croix qu'il avait sur la poitrine depuis sa naissance ; il fut donc enseveli honorablement. Montpellier lui consacra une chapelle, et l'Eglise le mit au nombre des saints.

d'Averrhoës émigraient en Languedoc, où ils trouvaient, grâce à la fertilité du sol, une quantité de simples qu'ils auraient vainement cherchés ailleurs. Tu ne partiras pas d'ici avant d'avoir vu confectionner l'électuaire appelé *alkermès*, confection à laquelle tu pourras assister chez l'habile pharmacien Laurent Castellan, versé dans la langue allemande et envers lequel nous avons contracté toutes sortes d'obligations, lorsque nous habitâmes Montpellier. Sa boutique est pleine de vers composés en allemand : témoignage irrécusable de son affection pour nos compatriotes.

On voit accourir de toute la France et des contrées étrangères, dans ce temple d'Esculape, tous ceux qui veulent étudier à fond la médecine, et qui ne s'éloignent de Montpellier qu'après avoir été gratifiés de la tiare doctorale. Quelques personnes prétendent qu'on revêt les candidats de la robe de Rabelais et qu'on leur crie : « Va tuer Caïn ; » ils ajoutent une explication extraordinaire, dont tu pourras t'enquérir à Montpellier même. Les chirurgiens et les pharmaciens ont aussi, le dimanche, des conférences sur leur art : ils emploient bien les termes scolastiques, mais ils se servent de la langue du pays, comme le font ceux de Lyon.

Quoique la jurisprudence ne soit pas cultivée avec autant d'ardeur que la médecine, elle n'est pas tout-à-fait abandonnée, et Astrée, qui voudrait fuir, est retenue ici par l'illustre jurisconsulte Jules Pacio, auprès duquel tu trouveras un favorable accueil.

Saint-Pierre.

La magnifique église de Saint-Pierre a singulièrement souffert pendant les guerres civiles. Les catholiques y soutinrent un siége de quelques semaines ; mais des canons ayant été placés dans la maison d'en face, et les vivres manquant aux assiégés, ils furent forcés de se rendre.

Le tribunal, appelé vulgairement la Chambre du Roy, l'école médecine, le collége royal et le collége du Vergier ne sont pas moins remarquables.

On blanchit ici la cire, on fabrique le verdet plus habilement que dans aucun autre lieu, et on fait un grand commerce de couteaux, de ciseaux et de tous ces instruments qu'on a coutume de vendre par boites. On trouve aussi à Montpellier des vases de verre très-bien peints.

Maguelone.

Maguelone est située à deux lieues de là, dans une île. Elle reconnait pour seigneur l'évêque de Montpellier. On peut aller à cheval jusqu'à un bourg fortifié nommé Villeneuve, et de cet endroit jusqu'à l'étang de Lattes, appelé *Laterra* par Pline. On quitte alors les chevaux et on monte en barque pour traverser l'étang. Celui-ci a plusieurs milles de longueur ; on trouve sur ses rives quelques bourgs et quelques hameaux. Les indigènes y pêchent ; mais ils préfèrent les poissons qui proviennent de la partie supérieure, parce qu'ils sentent moins la vase. Le rivage que les habitants appellent *playe de la mar*, sépare l'étang de la Méditerranée ; cependant le flux se fait sentir dans quelques endroits. Il est certain que cet étang rend la côte de la Gaule narbonnaise moins exposée aux incursions des pirates et des ennemis. On entretient à Maguelone une garnison composée de quelques soldats, et on y élève des chiens d'une grande dimension qui s'élancent sur les voyageurs. Le vulgaire connaît très-bien la tradition fabuleuse relative à Pierre de Provence, qui aurait fondé la ville, et à la belle Maguelone, qu'on dit y avoir été ensevelie. On prétend aussi que l'illustre jurisconsulte Rebuffe fut enterré ici. Il y a en ce lieu deux sources, l'une salée, l'autre douce. Maguelone était autrefois une ville et un port de mer : la cité fut détruite par les Sarrazins, le port comblé par les sables. Ceux qui veulent se rendre en cet endroit, feront bien de se munir de lettres de recommandation.

Frontignan. — Cette.

De là on peut aller en une seule fois visiter Frontignan, célèbre par son muscat, la colline et le château de Cette, et les thermes voisins.

De Montpellier je veux que tu te rendes à

Nîmes, mais en prenant un chemin détourné; tu traverseras donc la Vidourle au pont de Lunel où se trouvait jadis une des plus célèbres hôtelleries de toute la France ; et inclinant sur la droite, tu passeras devant le jardin du beau seigneur de Bartensier.

Presque en face, est située la ville de Massillargues.

La Carbonnière. — Aigues-Mortes.

Tu laisses derrière toi quelques ponts et une tour assez forte appelée la Carbonnière, où l'on entretient une garnison de cinq ou six soldats, et, après avoir payé un péage, tu entres à Aigues-Mortes, ville de forme quadrangulaire, située près de l'embouchure de la Vidourle. Elle est munie d'un rempart de pierres carrées dans lequel sont enclavées quinze tours. Une seizième, la tour de Constance, placée en dehors des autres et du plan régulier, se distingue par ses dimensions exceptionnelles ; elle permet d'entrer dans la ville au moyen d'un pont-levis, et servait de phare, à l'époque où la mer baignait les murailles d'Aigues-Mortes, et où le port n'était pas encore engravé par les sables. Elle a pourtant plutôt l'aspect d'un château fort que celui d'une tour. Après elle vient *la tour de la Royne*, qui occupe régulièrement sa place dans les remparts.

Du haut de la première, tu aperçois le fort de Peccais, à une lieue environ, et des salines, qui à cette distance font l'effet de collines blanches.

En 1422, cette ville fut surprise par un parti bourguignon, et on y plaça une garnison; mais celle-ci ayant été massacrée par le peuple, tout le Languedoc retomba au pouvoir du roi. Il paraît qu'on montre encore le lieu où les Bourguignons furent salés. Il s'appelle *la cave des Bourguignons* : C'est du moins ce que prétend l'historien Serres dans sa *Vie de Charles VII*.

A trois lieues de distance se trouve la ville de Saint-Gilles, qui jouit du titre de comté. Elle est célèbre par sa triple église, qui se composait de trois parties superposées; mais les guerres civiles ont ruiné ce monument. Son ancienne splendeur est attestée par les colonnes de marbre, ornées de sculptures, qu'on y voit encore ; mais d'après ses ruines, elle m'a paru double seulement.

Istagèle.

Dans la forêt d'Istagèle, voisine de cette cité, on remarque une chaire de pierre, du haut de laquelle les Druides qui habitaient les bois haranguaient le peuple assemblé.

Nîmes.

Arrivons maintenant à Nîmes, cette gardienne fidèle des antiquités les plus précieuses.

C'était la métropole des Volces arécomiques. Strabon la mentionne avec éloges. On prétend qu'elle fut fondée par Némausus, fils d'Hercule. Elle avait autrefois de très grandes dimensions, comme l'attestent les débris de ses anciennes murailles. On dit qu'à l'instar de Roelle occupait sept collines.

Tour Magne.

Elle comprenait dans son enceinte l'élévation sur laquelle se trouve cette vieille tour que les uns appellent *Tour Magne*, du latin *Turris Magna*, les autres *Tour Mille*, parce que c'était une des mille tours qui ceignaient la ville. Elle est bien déchue aujourd'hui, et n'enferme plus les collines dans ses murs ; mais ses maisons sont jolies, et ses rues larges et longues. On rencontre hors de la ville, du côté qui va vers la plaine, des jardins et des bois d'oliviers extrêmement agréables. Chacun peut les parcourir à son aise, et leur possesseur n'a pas le droit d'en interdire l'entrée.

Chrétien Pistorius.

Tu trouveras ici un homme très savant, le professeur Chrétien Pistorius, allemand de naissance, qui se tient à la disposition de ses compatriotes, et leur fait connaître les choses remarquables. Pour moi, je serai bref, et je ne mentionnerai que celles qui sont particulièrement dignes de mémoire.

Les Arènes.

En premier lieu vient un amphithéâtre de forme ovale. Il a quatre cent soixante-dix pas et soixante-trois voûtes. Il fut élevé par Antonin, dont la famille paternelle était originaire de la Gaule Transalpine et de Nîmes. Tu observeras dans cet amphithéâtre : 1° un bas-relief représentant deux gladiateurs, 2° une louve allaitant Romulus et Rémus, 3° les vautours qui apparurent autrefois à Romulus et à Rémus, au moment où ceux-ci jetaient les fondements de la ville de Rome, 4° deux Priapes ailés, sur lesquels est assise une vieille femme qui les dirige au moyen d'une bride. On explique cette figure de différentes manières. Je partagerais l'opinion de ceux qui voient dans cet hiéroglyphe un reproche tacite adressé par les Romains aux Gaulois vaincus, car les Latins attestaient rarement leur victoire d'une manière ouverte (1) ; 5° deux têtes de taureaux ou de bœufs au-dessus de l'ancienne porte d'entrée, 6° deux tours contre l'entrée actuelle, construites par un certain personnage qui, après que la ville eut été ruinée par les Sarrazins, les Goths et les Van-

(1) Cette assertion de Jodocus est fausse, car les Romains ont souvent fait figurer sur leurs arcs de triomphe leurs adversaires enchaînés. On peut voir notamment celui de Carpentras, où le sculpteur a représenté des barbares énormes maîtrisés par des soldats romains d'une taille plus qu'ordinaire.

dales, s'établit dans l'amphithéâtre comme dans une propriété légitime, et le laissa à ses descendants, qui le possédèrent pendant plusieurs siècles. La cour intérieure est remplie aujourd'hui de masures où habitent des gens du peuple.

La Maison Carrée.

La Maison Carrée est un édifice antique de forme oblongue, qui a six colonnes de front, et dix de chaque côté. Le toit est formé de grandes pierres disposées en terrasse. Les archéologues ont depuis longtemps démontré que ce monument fut élevé par Trajan en l'honneur de Plotine. Ce point est établi par un passage de Spartien, dans sa vie d'Adrien, et par une inscription conservée à Aix, dans laquelle la *Maison Carrée* est qualifiée non de basilique, mais d'édifice sacré. On voit en dessous une crypte où commence le passage souterrain qui permettait aux cavaliers et aux piétons romains de se rendre jusqu'à Arles sans paraître à la lumière du jour.

Le troisième édifice remarquable est un temple consacré à Diane ou à Vesta. On y voit deux rangées de colonnes antiques, sculptées avec un art exquis. Tout auprès est une source, dont la dimension la ferait plutôt ressembler à un lac. Les uns la nomment la source de Diane, les autres le bain des Vestales. Quoi qu'il en soit, ses eaux ne tarissent jamais et sont si limpides, qu'Ausone la compare à la source d'Albano : cet argument me suffit pour ne pas adhérer à l'opinion des érudits qui croient que la source mentionnée par Ausone était différente, et la placent sur une colline voisine, lui attribuant le même sort qu'à la source de Divona, près de Bordeaux.

Le quatrième édifice est la porte de la Couronne, où l'on voit une très curieuse formule de substitution. Mais mentionnons brièvement tout ce qui nous reste à examiner :

Une colonne érigée à François Ier, avec une salamandre.

La statue de Géryon, hiéroglyphe de l'amitié.

Le collège fondé par Henri II. A l'entrée on voit des vers latins et une marque indiquant jusqu'à quelle hauteur s'élevèrent les eaux en débordant de la fontaine de Diane.

Dans le vestibule de quelques maisons particulières se trouvent des aigles sculptés sur la muraille, mais privés de leur tête. On croit que cette mutilation vient des Goths, qui agirent ainsi par haine pour les Romains et pour faire allusion au démembrement de l'Empire, qui n'obéissait plus à un seul chef.

Une statue de Diane et plusieurs inscriptions, dans la maison de M. de la Besserie.

Une statue de mime, dans le voisinage de l'auberge à l'enseigne du *Pommier*.

On montre dans le coin d'une place un bois fatal : c'est un arbre qui étend ses branches pour supporter ceux qui ont été condamnés à être pendus. Dans un jardin hors de la ville, on vous fait voir les tuyaux de conduite qui, du pont du Gard, amenaient l'eau dans Nîmes.

Voilà les choses, sans en énumérer une foule d'autres, dont M. Pistorius a coutume de communiquer la liste aux étrangers.

A quatre lieues de là, se trouve le pont du Gard, cet étonnant produit de l'industrie humaine. La partie inférieure est bien un pont qui sert de passage aux hommes et aux animaux ; mais la partie supérieure sert d'aqueduc. Il passe au-dessus du Gardon, qui lui a donné son nom. Il y a trois rangs d'arches, celui d'en bas composé de six voûtes, celui du milieu de onze, celui d'en haut de trente. Ces dernières supportent un canal de six pieds de haut et de trois pieds de large couvert de grandes pierres. La construction a quatre-vingt-deux pieds en totalité. On ne sait qui éleva cette merveille dont les historiens de l'antiquité ne font aucune mention. Théodore de Bèze l'a célébrée en ces termes:

« La Grèce a chanté les montagnes empilées sur les montagnes, et la barbare Memphis s'énorgueillit de ses pyramides. Mais n'est-ce pas plus encore d'avoir pu joindre deux montagnes par une triple rangée d'arches, et, prodige devant lequel la nature s'avoue vaincue, d'avoir fait passer les fleuves au-dessus des fleuves? Il est une chose pourtant que j'admire davantage, c'est le silence qu'a gardé l'architecte. O admirable ouvrier, ce que tu as fait est bien beau, mais ce que tu n'as pas fait est plus grand encore. »

Non loin de ce pont, se trouve une caverne assez vaste, célèbre parce que Henri IV y aurait dîné.

On peut aller de Nîmes ici par deux routes différentes. Je préfère celle de droite, quoique celle de gauche soit un peu plus courte, car en suivant la première, on n'a pas de montées à grimper et à descendre, et on passe par des lieux charmants.

Après avoir vu le pont du Gard, on se dirige, en inclinant à droite, sur Beaucaire. Cette ville qui occupe la rive droite du Rhône est célèbre par la foire qui s'y tient le jour de Sainte-Magdeleine. Un château bâti sur une colline élevée l'avoisine. Près de celui-ci, se trouve une redoute très forte.

Sur l'autre rive du Rhône, au point où la Durance se jette dans ce fleuve, on rencontre, en face de Beaucaire, la ville de Tarascon, que décore un beau château construit par Réné, roi de Sicile et de Jérusalem. Son portrait et celui de sa femme se trouvent dans la cour intérieure.

Tout récemment, une île est sortie du Rhône entre Beaucaire et Tarascon, ce qui fait mentir le vieux proverbe :

Entre Beaucaire et Tarascon,
Ne repaist brebis ne oison,
Non plus qu'entre Tain et Tournon.

Pour en revenir au château du roi Réné, qui domine le fleuve, c'est une belle construction du haut de laquelle on voit la ville s'étendre en forme de croissant. Il n'a pas de toit, mais une grande terrasse en occupe le sommet.

Eglise de Sainte-Marthe.

La principale église est consacrée à Sainte-Marthe. Elle renferme une image de carton représentant un monstre qui dévore un homme. Une épigramme latine placée au-dessous, après avoir fait un portrait terrible du dragon, qui ravageait la contrée et enlevait le bétail, nous apprend que Marthe le dompta avec la plus grande facilité ; qu'en récompense elle a été ensevelie dans cette église, où une châsse d'argent renferme ses os (1).

(1) La fête de la Tarasque était célèbre autrefois dans toute la Provence. Elle a disparu aujourd'hui, ce qui n'est pas un mal ; car son caractère était barbare. Le monstre de carton qui représentait le dragon vaincu par sainte Marthe, avait pour queue une poutre qu'on faisait tourner rapidement et qui jetait le désordre dans la foule, en occasionnant quelquefois des blessures très graves. Du reste, tout ce qui se rapporte aux Tarasconnais a un cachet particulier. Ils prononcent même le provençal avec un accent trainard qui leur attire plus d'une rail-

C'est ici que tu entres pour la première fois en Provence. Avant de parcourir avec toi cette contrée, je vais t'en dire quelque mots.

Provence.

La Gaule narbonnaise ayant été soumise en entier par les Romains, et réduite en province, perdit ce dernier nom dans une grande partie de son territoire, mais le garda pour toute la contrée qui s'étend du Rhône jusqu'aux Alpes : elle fut appelée par excellence *Province*, d'où les Français ont fait Provence. Elle a pour limites au levant les Alpes et le Var, au nord le Dauphiné, à l'ouest le Languedoc, le Comtat-Venaissin et la principauté d'Orange, au sud la mer Méditerranée. Elle produit les plus excellents fruits sans exiger une grande culture. Les figues et les raisins secs s'y trouvent dans une abondance prodigieuse. La nature fournit d'elle-même le romarin, le myrte, les fruits du genévrier. Nulle part les châtaignes ne sont plus grosses. On y rencontre les oranges, les citrons, les coings, le safran, le riz, des vins exquis. Partout le sol est fer-

---

lerie. Les filles des villages voisins ont composé une phrase pour se moquer d'eux. Le sel de la plaisanterie consiste en ce que c'est à Tarascon seulement que l'*a* final se prononce *éa* : « *Dé qu'éa féa lou quéa? éa mountéa su lou pouladzié, éa féa toumbéa lou poutaréa* (qu'est-ce qu'a fait le chat? Il est monté sur le fourneau, il a fait tomber le pot.)

tile. L'air est doux et pur. La Provence voit affluer dans ses ports les plus riches marchandises de l'Orient, et on lui amène de Barbarie des chevaux d'un grand prix. Elle possède le titre de comté. François Clappier, jurisconsulte du pays, a écrit l'histoire de ses douze seigneurs, dont une bonne partie était de la famille des comtes d'Anjou. Tu pourras te procurer ce livre, soit isolément, soit joint au traité des *Décisions fiscales* du même auteur. Charles III, dernier comte de Provence et de Forcalquier, institua Louis XI pour son héritier, et depuis lors le pays appartint à la couronne. Tu trouveras dans l'ouvrage de Clappier l'acte d'union.

De Tarascon, situé sur la rive gauche du Rhône, il faut descendre à Arles.

Arles.

Cette dernière ville est nommée, tantôt *Théline* par les Grecs, tantôt *Mamillaria*, comme l'appellent quelques inscriptions. Ausone la désigne par l'épithète de *Rome gauloise*, sans doute parce qu'elle s'efforçait d'imiter la mère patrie. Elle porte encore les noms de *Colonie des Saliens* et de *Colonie des Sextains*, parce qu'elle reçut autrefois des émigrations de Saliens, ancien peuple de la Gaule, et parce que longtemps après, la sixième légion y tint garnison.

L'empereur Flavius Constantin voulut la surnommer *Constantine*; dans la Constitution qu'on a de lui à ce sujet, il loue l'heureuse situation de la ville, qui fait que toutes les productions possibles venant y aboutir, on croirait le territoire d'Arles aussi fertile à lui seul que toutes les contrées du monde.

Cette cité fut fondée par les Phocéens, dont je parlerai tout à l'heure à propos de Marseille. Elle est grande, mais ne se divise plus comme autrefois en deux parties. Ce sont les Goths qui détruisirent, dit-on, la seconde cité.

Camargue.

Le Rhône se partage ici en deux branches, dont l'une se dirige vers Aigues-Mortes, l'autre davantage vers Marseille ; l'île formée ainsi s'appelle *Camargue*, que certains écrivains font venir des mots *Caii Marii agger*, prétendant que Marius dressa là son camp. Mérula tourne cette étymologie en ridicule.

Arles est aujourd'hui le siége d'un archevêché. La liste de ses pontifes est ouverte par saint Trophime, disciple de saint Paul, et qui prêcha le premier la foi chrétienne dans les Gaules (1).

(1) Lopez Zuniga raconte, en visitant Arles pendant l'année 1520, que le corps de saint Trophime est conservé dans la cathédrale, où une châsse d'argent le renferme, et d'où on le tire tous les ans, le 29 décembre, pour le montrer en public. Il ajoute que le saint avait d'abord été enseveli hors de la ville, dans l'oratoire de

Voici les lieux que tu devras visiter :

1° L'église de Saint-Antoine, qui renferme des reliques dans une châsse d'argent doré, et une peau de crocodile.

2° Dans une autre église, celle de Saint-Trophime, si je me souviens bien, nous avons vu le sépulcre du jurisconsulte Ferret, avec ces vers léonins : « Qui que tu sois, qui es encore en vie, pleure en voyant ceci. Je suis ce que tu seras, un peu de cendre : pour moi récite une prière, je t'en conjure. »

5° Je me rappelle qu'après nous avoir fait sortir de la ville, on nous conduisit dans une vieille église, où nous vîmes un tombeau très-ancien érigé en l'honneur d'un duc de Savoie. La vétusté empêche de lire l'inscription ; mais on distingue encore des sculptures représentant deux griffons, un cerf, deux centaures et un lion.

Tombeau de Roland.

On montre dans le même lieu le tombeau de Roland, neveu de Charlemagne. On y conserve aussi, derrière une grille de fer, une pierre sur laquelle on prétend que la Vierge s'assit pour allaiter le Sauveur.

l'église Saint-Honorat, où l'on peut lire son épitaphe écrite en vers latins.

Abbaye de Mont-Majour.

4° A un quart de lieue environ, se trouve l'abbaye de Mont-Majour, sur une colline pierreuse entourée de marais. Ce lieu est assez fort : une tour carrée s'y élève, dont le sommet est garni de créneaux, et qui porte un donjon dans un de ses angles, comme on en voit un au phare d'Aigues-Mortes. On montre ici la grotte dans laquelle saint Trophime dit la messe, la cavité où il se réfugia pour échapper aux païens, la pierre creuse où il avait coutume de dormir, et une autre pierre sur laquelle il posait ses vêtements. Le chœur est séparé de l'église par une grille de fer d'un goût excellent. Un caveau renferme les os des soldats tués dans un combat entre Charlemagne et les Sarrazins. A droite de l'entrée de l'église, tu verras une statue de pierre représentant Jeanne, reine de Jérusalem et de Sicile, avec une couronne sur la tête ; à côté d'elle se trouve une autre statue représentant sa sœur ; mais celle-ci n'a pas de couronne. Tout au bas de la colline, hors des murs du monastère, s'élève une chapelle bâtie par Charlemagne, dans laquelle on peut lire cette inscription :

« Que tous sachent que le sérénissime prince Charlemagne, roi des Francs, après avoir assiégé la ville d'Arles, alors au pouvoir des infidèles, s'en être emparé par la force des armes, et, comme les Sarrazins s'étaient réfugiés en grande partie sur la montagne de Mont-Majour, les y avoir poursuivis avec son armée, et les avoir vaincus, pour rendre grâce à Dieu de cette victoire, fit dédier à la sainte Croix la présente église; quant au présent monastère, consacré à saint Pierre, prince des apôtres, et presque détruit et rendu inhabitable par lesdits infidèles, le même roi le fit réparer, y appela des moines pour servir Dieu, et le dota. Dans lequel monastère sont ensevelis plusieurs nobles de France ayant combattu en ce lieu. C'est pourquoi, frères, priez pour eux. »

Lorsque Charles IX, accompagné de la reine-mère, parcourut son royaume, il vint visiter cette chapelle. Le roi et ses courtisans la mesurèrent avec leurs pieds et leurs épées, et le premier dit qu'elle lui paraissait semblable à une chapelle de Paris, que son père avait fait construire. Tout autour de celle de Mont-Majour on voit une quantité de sépultures creusées dans la roche ; quelques-unes d'entre elles contiennent des os de jambes, de bras et d'autres parties du corps. Les religieux de ce monastère sont très-affables ; ils nous donnèrent une copie de l'inscription citée plus haut et nous abreuvèrent d'un vin généreux.

Les Arènes.

5° Dans l'intérieur même de la ville, on voit un amphithéâtre de soixante arches, qui n'a jamais été achevé entièrement. Il est habité aujourd'hui par des ouvriers.

6° Dans le voisinage se trouve un cellier public où aboutit le passage souterrain que j'ai dit exister entre Nimes et Arles.

7° Deux portiques de construction romaine près du couvent des Carmes.

8° L'Hôtel-de-Ville, avec des inscriptions récentes au-dessus de l'entrée.

9° Le palais des anciens rois de Bourgogne, servant aujourd'hui au duc de Guise, gouverneur de la Provence.

La Roquette.

10° Une pyramide de pierre dure, située hors de la ville, dans un lieu appelé la Roquette (1). Les habitants soutiennent qu'elle avait jadis soixante pieds de haut; à présent elle n'en n'a plus que vingt-quatre. On prétend que c'était un autel sur lequel on immolait chaque année à Diane deux jeunes gens, dont on répandait le sang sur la foule.

11° Il y a dans le collége deux colonnes, ouvrage des Romains et une grande pierre qu'on regarde aussi comme l'autel de Diane. Non loin est la tour où les anciens adressaient leurs prières à la déesse. On y voit encore une autre tour jusqu'au pied de laquelle l'élévation des eaux parvint une fois, de sorte que les habitants craignirent pour le salut de leur ville.

(1) Ce mot signifiant en provençal la *petite roche*, on voit que la localité mentionnée par Jodocus, tirait son nom de la pyramide qui s'y trouvait.

Au-dessous on rencontre cinq portes triomphales romaines, aujourd'hui murées.

12° Charles IX dédia ici, le 1er mars 1575, un hôpital considérable auquel il attribua des revenus. Les chambres et les dortoirs y sont tenus très proprement. Dans la cour nous avons vu un tombeau antique, long de treize palmes et large de quatre, sur lequel se trouve gravée une inscription, accompagnée d'une corne d'abondance. On nous raconta qu'un certain marseillais, conseiller ou prêtre, je ne sais plus lequel des deux, mais certainement grand amateur d'antiquités, ayant voulu faire emporter ce tombeau dans sa ville natale, ne put le faire bouger de place, y attelant trente chevaux, tandis qu'on l'avait transporté dans cet hôpital sans aucune difficulté.

Cabinet de curiosités.

15° Il y a ici un orfèvre, nommé M. Agathe, qui possède un cabinet rempli des curiosités les plus rares. Tout ce que renferme ce dernier est décrit dans un catalogue imprimé. Tu verras entr'autres chez M. Agathe une jolie vue d'Arles faite par lui.

Nous descendîmes chez un excellent homme nommé Parracan. Son hôtellerie n'a pas d'enseigne; mais le vin n'en a pas besoin quand il est bon.

Taureaux de la Camargue.

Avant de te retirer d'ici, il faudra que tu aies soin de remarquer comment un seul boucher peut terrasser un taureau sauvage. Ces animaux sont en grande quantité dans les prés voisins. Voici dans quels termes en parle Pierre Quinquetanus, cité par Schamberg, dans les *Délices de la France* :

« Qu'ai-je besoin de m'étendre sur toute la Provence, lorsque l'île d'Arles à elle seule nourrit plus de quatre mille chevaux et de seize mille bœufs ? Il n'y a pas d'autre province qui puisse se vanter d'une pareille richesse. Les bœufs qui y paissent librement, sont d'une férocité extrême ; s'irritant pour la moindre cause, ils poursuivent celui qu'ils aperçoivent, de façon que si l'on n'a pas d'arme sous la main ou du moins que l'on n'ait pas l'intention de combattre, il faut chercher son salut dans la rapidité de son cheval ; si l'on est à pied, à moins d'avoir une audace et un sang-froid tout particuliers, le meilleur moyen d'échapper est de s'étendre subitement par terre. Car effectivement les taureaux ne s'irritent et ne s'élancent que contre les obstacles dressés en face d'eux. Certaines personnes affirment qu'ils ont cela de commun avec les ours, de ne jamais toucher un cadavre; ainsi, pour peu qu'on retienne son haleine, l'animal furieux après vous avoir flairé, s'éloigne sans vous faire du mal.

Du reste, nous les avons vus fréquemment lorsqu'ils ne pouvaient atteindre des corps couchés à terre, frapper le sol du front et du pied ; et je ne doute pas que celui qui s'était étendu devant eux ne retînt fortement sa respiration, employant ainsi le seul moyen de salut qu'il eût dans cette circonstance (1). »

(1) Ce n'est pas seulement dans la Camargue que les habitants du pays savent échapper à la fureur des bœufs. Comme on est passionné pour les combats de taureaux dans toute la Provence, le plus pauvre village possède son arène, qui est généralement une sorte de fosse munie d'échafaudages disposés de manière à présenter extérieurement des tribunes pour les spectateurs. A l'intérieur, cet échafaudage comprend une galerie sur laquelle se promènent des hommes armés de lances, qui aiguillonnent les taureaux sans courir aucun danger. En dessous de cette galerie, les vides qui se trouvent entre les poutres forment des loges dans lesquelles se tiennent des amateurs qui s'amusent à traverser l'arène à la course pour narguer le taureau. Lorsque celui-ci s'avance vers eux, ils jouent à cache-cache derrière les barreaux, et se moquent de lui impunément. La disposition et l'étendue de ces arènes varient du reste suivant la richesse des communes. Lorsque le jour de la voto (fête votive) est arrivé, tous les habitants du village et ceux des localités voisines viennent garnir le haut de l'arène et assister aux prétendus combats de taureaux; mais ces fêtes sont révoltantes, puisqu'on n'y voit le plus souvent qu'un malheureux animal lardé par des bourreaux hors de son atteinte. La scène

En quittant Arles pour te rendre à Marseille,

prend de l'intérêt lorsqu'un robuste paysan se présentant devant le bœuf, le saisit par une corne au moment où il baisse la tête, et en pesant sur son cou par un mouvement particulier, fait rouler l'animal à la renverse. Alors des milliers d'applaudissements s'élèvent; mais en général le sang-froid suffit pour échapper au danger. Un coup de bâton appliqué sur la tête du bœuf, lui ôte l'envie de vous attaquer. Nous ignorons s'il est nécessaire de retenir son haleine lorsqu'on en est réduit à se coucher par terre pour échapper aux cornes de l'animal; mais nous avons été témoins, dans les arènes de Maillanne, en 1838, du sang-froid d'un paysan, qui, voyant arriver sur lui un bœuf noir très-vigoureux, n'eut pas le temps de se réfugier derrière les poutres qui soutiennent la galerie de bois, et s'étendit par terre instantanément. Il se collait tellement au sol, qu'il semblait avoir perdu la moitié de son épaisseur. Le bœuf fit quelques pas autour de lui, en frappant la terre du pied, comme pour s'exciter. On sait combien les Provençaux sont bruyants d'ordinaire; mais en ce moment le plus complet silence régnait parmi les trois ou quatre mille personnes qui entouraient l'arène; tout le monde regardait et attendait. De son côté, le taureau paraissait décidé à nuire à son adversaire, et il avançait la tête en biais pour tâcher de le soulever un peu et de l'enlever d'un coup de corne. Mais, sans retenir son haleine, le paysan se tira d'affaire en fourrant ses doigts à diverses reprises dans les narines de l'animal, qui finit par tourner le dos. Quelquefois, lorsque les bœufs sont trop excités, ils enfoncent à coups de tête la porte de l'arène, gagnent le Rhône, et retournent à la nage dans il te faut nécessairement passer par les campagnes pierreuses célèbres depuis tant de siècles.

La Crau.

Dans le langage du pays on les appelle *La Crau*. Que ceux qui rangent cet endroit au nombre des montagnes de la France prennent bien garde à cette assertion ; car certainement on n'a jamais vu de plaine plus plane que celle-ci. Strabon l'a bien décrite : Entre Marseille et l'embouchure du Rhône, dit-il, se trouve un terrain éloigné de la mer d'environ cent stades; son diamètre a la même dimension, et sa forme est orbiculaire. On l'a surnommé pierreux; en effet, il est semé abondamment de pierres, qui peuvent remplir la main, et parmi lesquels pousse une herbe qui fournit aux troupeaux une nourriture abondante. Toute la région qui domine ce lieu est bien exposée au vent; mais ici la bise sévit avec une violence qui fait tournoyer les cailloux, qui jette les hommes à bas des voitures, et dépouille les passants de leurs vêtements et de leurs armes. D'après Aristote, des tremblements de terre auxquels leur force de projection a valu le nom de *bouillonnements* ont jeté à la surface du sol ce nombre infini de cailloux. On a encore donné d'au-

---

les prairies d'où on les a tirés et d'où les ramènent, à de certaines époques, par larges bandes, des conducteurs armés de lances.

tres explications, également invraisemblables. Celle que rapporte Eschyle mérite de figurer ici. Il fait parler ainsi Prométhée, détaillant à Hercule le chemin qu'il doit suivre pour se rendre du Caucase chez les Hespérides :

« Lorsque tu seras arrivé en face des belliqueuses troupes des Ligures, je sais que, malgré tout ton courage, tu auras un combat bien rude à soutenir; car, d'après l'ordre du Destin, tu manqueras alors de flèches, et tu ne pourras arracher aucune roche de la surface du sol. Alors Jupiter aura compassion de ton angoisse, il couvrira le ciel d'un nuage rempli de pierres rondes, qui tomberont à terre, et toi t'en armant, tu mettras facilement en déroute les vaillants Ligures. »

St-Chamas.

Au milieu même de la Crau, à environ trois lieues d'Arles, se trouve le bourg de St-Martin où l'on dîne. Tu passes ensuite Nirmas, petite ville située sur le sommet d'une colline et St-Chamas, autre localité séparée d'un étang par une élévation qu'on a percée pour laisser le passage libre. En sortant de St-Chamas, tu traverseras un pont à chaque bout duquel se trouve un arc avec une inscription latine.

Tu suivras ensuite le bord de l'étang, et au bout de cinq lieues, tu atteindras les Pennes; à trois lieues de là est Marseille.

Marseille.

Cette ville illustre est une colonie des Phocéens d'Ionie, qui, à l'époque où Tarquin régnait à Rome, quittèrent leur patrie pour échapper à la tyrannie des Perses. D'après Justin, les chefs de la flotte s'appelaient Furius et Péranus. Au moment où ils abordèrent sur les terres du roi des Ségorégiens, dans les domaines duquel ils se proposaient de fonder une ville, celui-ci s'occupait des noces de sa fille Gyptis, pour laquelle, d'après l'usage du pays, on devait choisir un mari parmi les convives : les étrangers parurent au festin, invités par le monarque lui-même. Lorsque la jeune fille fut introduite, avec ordre de présenter de l'eau à celui qu'elle désirait pour époux, elle se dirigea vers les nouveau-venus et choisit Péranus. D'hôte, celui-ci devint donc gendre, et reçut de son beau-père l'emplacement nécessaire pour fonder une ville. Les nouveau-venus apportèrent en Provence des mœurs moins farouches, la langue grecque, l'étude des arts libéraux, et de meilleurs procédés de culture pour les champs et les vignes. Les contrats étaient ordinairement écrits ici en langue grecque ; on se servait du même idiome pour les affaires publiques ou privées, ce qui explique la quantité d'hellénismes que renferme la langue française; et les jeunes Romains eux-mêmes, avant d'aller s'asseoir aux tables grecques, prenaient à Marseille un avant-goût des lettres et des sciences. Il y eut, du resté, de bonne heure de forts liens d'amitié entre cette ville et Rome : les Marseillais montrèrent qu'ils étaient fidèles à leur parole, lorsque, quand leur alliée fut prise par les Gaulois et forcée d'acheter la paix, ils accueillirent cette nouvelle par un deuil public, et employèrent tout l'argent de l'état et celui des particuliers à compléter la somme promise aux Gaulois.

A ce que rapporte Strabon, Marseille était gouvernée autrefois par six cents sénateurs appelés *Timouchi*, qui étaient nommés à vie; on choisissait parmi eux quinze magistrats destinés à juger les différends de chaque jour, et parmi ces quinze, trois triumvirs qui jouissaient du pouvoir suprême. Personne ne pouvait faire partie des *Timouchi* à moins d'avoir des enfants, et de prouver qu'il était citoyen de la ville depuis la troisième génération. D'après Servius, toutes les fois que la cité était affligée d'une peste, un habitant s'offrait d'entre les plus pauvres pour être nourri une année entière aux frais du trésor public. Décoré ensuite de verveine et revêtu de vêtements sacrés, on le conduisait par la ville pour qu'il assumât sur sa tête tous les maux qui pouvaient menacer Marseille, et enfin on le précipitait.

Marseille est aujourd'hui une sorte de bazar universel d'où partent et où arrivent continuellement les navires qui font commerce avec le

Levant, Tripoli, Alexandrie, etc. Cette ville est munie de tours et de remparts.

Le port.

La nature lui a donné un port très-sûr, dont l'ouverture est un peu étroite, mais qui va en s'élargissant; il s'appelait autrefois Lakydon. A l'entrée se trouve une grosse tour dans laquelle sont placés des canons destinés à foudroyer ceux qui voudraient forcer le passage, fermé au besoin par une chaîne que retient le bord opposé à la tour.

Château d'If.

Au dehors il y a trois forteresses dans les îles. La plus rapprochée s'appelle le château d'If; elle est contruite sur un écueil qui, à la vérité est fortifié de toute part, mais du côté du sud se trouve le château lui-même. C'est un édifice de forme carrée, avec une cour au milieu. Sur une de ses tours, qui porte un donjon, on a placé deux canons de grande dimension pour châtier les rôdeurs. La garnison est composée de quatre-vingts à cent soldats. De mon temps, le gouverneur s'appelait M. de la Plane.

Tu aperçois d'ici les deux autres forteresses, qu'il n'est pas besoin d'aller visiter; celle de droite, Ratoneau, est la plus forte et exige trois cents hommes de garnison.

Celle de gauche, le fort Saint-Jean, est une tour ronde, gardée par vingt-cinq soldats. Plus près de la ville, mais en terre ferme, on trouve le château de Notre-Dame-de-la-Garde, dont les canons commandent également la mer, la ville, et les environs de celle-ci. C'est là qu'on élève des signaux pour indiquer l'arrivée ou le départ des navires. Il contient vingt pièces d'artillerie, toute espèce d'armes et de grandes provisions. La chapelle qu'il renferme mérite d'être vue. On y montre deux peaux de crocodiles.

Notre-Dame-de-la-Garde.

Dans le voisinage se trouve l'église de Notre-Dame, où affluent un grand nombre de pélerins. Le port renferme toujours quelques galères, dans l'intérieur desquelles il est assez intéressant de pénétrer; je te recommande principalement *la Royale*. Tu y verras des rameurs, ou forçats, car on les appelle ainsi, occupés à différentes sortes de travaux, et tu seras surtout délecté par leur musique, dont ils ne manqueront pas de te régaler dans ton auberge.

Saint-Victor.

On conserve dans l'église de Saint-Victor

une curiosité précieuse : la tête de saint Victor, faite d'argent doré et pesant six cent livres ; de chaque côté sont des anges de même métal. On voit dans cet édifice la tête de saint Cassien, fondateur de l'abbaye de Saint-Victor, une côte de Lazare, la barbe de saint Paul, la petite boîte de laquelle Marie-Madeleine tira le parfum dont elle se servit pour oindre les pieds du Sauveur, et d'autres reliques encore. On voit aussi une crypte et une chapelle de Sainte-Madeleine, dans laquelle la sainte, après être venue d'Asie avec sa sœur Marthe et son frère saint Lazare, premier évêque de Marseille, fit pénitence ; la pierre sur laquelle elle couchait a, dit-on, la propriété de guérir la fièvre. On vous montre, dans le cloître, un puits où le diable, qui la servait en prenant l'apparence d'un cuisinier, fut étouffé, si on en croit la tradition. Fais-toi raconter cette aventure par les gens du pays.

Il y a encore quelques autres choses à voir dans la ville :

1° L'église cathédrale, consacrée à la Sainte-Vierge, renferme des reliques de saint Lazare.

2° La porte royale, avec une inscription latine qui fait allusion à la délivrance de la ville par les armes de Libertat, le 17 février 1596.

3° La maison du duc de Guise, dans laquelle fut reçue la reine lorsqu'elle aborda à Marseille.

4° Le palais de justice.

5° Il est agréable, en tournant le dos à la

mer, de contempler sur les coteaux environnants tant de jardins remplis d'habitations. On dit que leur nombre excède dix-huit cents.

6° Il ne faut pas passer sous silence qu'on peut se procurer ici à très-bon marché toutes sortes de curiosités, particulièrement des cuillères et des coupes, faites avec des coquillages et des coraux.

7° Nous vîmes un homme d'environ quarante-cinq ans dont la tête était énorme. Elle avait quatre pieds de tour et pouvait peser soixante-dix livres. Cet homme était du reste de petite taille et n'avait que la peau et les os. Le poids démesuré de sa tête l'empêchait de marcher. Il parlait, mais sa voix était débile et plus grêle que celle d'une femme (1).

Toulon.

A neuf milles de Marseille, en allant vers l'Italie, on rencontre Toulon, dont le port est plus grand, mais moins sûr que celui de l'ancienne ville des Phocéens. Le plan de mon itinéraire ne t'amène pas en ce lieu.

Aix.

Tu te rendras donc à Aix, qui se trouve à une distance de cinq lieues. Cette ville tire son

---

(1) On voit encore aujourd'hui une tête énorme dans le musée de Marseille; mais elle ne paraît pas répondre aux dimensions données par Jodocus.

nom des eaux chaudes qui y sortent de terre. Son surnom latin de *Sextiae* lui vient de C. Sextius Calvinus, qui, après avoir vaincu les Saliens, fonda cette cité et y établit une garnison romaine. C'est dans ses environs que Marius défit les Cimbres. Elle est aujourd'hui capitale de la Provence, et possède un parlement et un archevêché. Ses rues sont très-larges, ses édifices magnifiques ; parmi ceux-ci il faut distinguer l'église cathédrale, nommée Saint-Sauveur, renfermant un baptistère environné de huit grandes colonnes de marbre, et à l'entrée de laquelle on voit une belle statue de l'archange saint Michel (1). Le palais de justice, érigé par

(1) Lopez Zuniga ajoute que l'on conserve dans cette église la tête de saint Maximin, le corps de saint Mithrius, qui souffrit le martyre à Aix, un bras de sainte Marie-Madeleine, la tête d'un des dix mille martyrs, deux têtes des onze mille vierges, une côte de saint Sébastien, etc. A Saint-Maximin, ville placée à six lieues d'Aix, le même voyageur visite un riche monastère de frères prêcheurs où se trouve une belle église dédiée à sainte Marie-Madeleine ; une crypte située sous l'une des chapelles de cet édifice, renferme une armoire de fer, munie de plusieurs serrures, où l'on conserve la tête de Marie-Madeleine. Bien qu'elle soit altérée par tant de siècles, dit l'écrivain espagnol, cependant on voit qu'elle a appartenu à une femme, et il y a encore de la chair et de la peau qui adhèrent au front, la place où notre Seigneur l'avait touchée, lorsqu'il lui dit au jour de la résurrection : « Ne me touche pas, je ne suis pas encore monté vers mon Père. »

François Ier, se trouve contre une grande place. Une maison particulière renferme aujourd'hui les sources qui ont donné leur nom à la ville.

Cabinet de curiosités.

Ce qu'il faut voir encore, c'est le palais offert au duc de Guise, gouverneur de la province, et un cabinet rempli de médailles et de raretés appartenant à monsieur Ferrier ou Perrier, je ne suis pas sûr du nom.

On rencontre à Aix des inscriptions et des colonnes antiques, et d'autres choses analogues. On y montre aussi l'endroit où le duc d'Epernon avait assis son camp lorsqu'il vint assiéger la ville.

A trois lieues d'Aix, tu trouves sur ta route une ville appelée le Mas ; cinq lieues plus loin, Orgon ; ensuite la forteresse de Château-Renard, et après avoir traversé la Durance, fleuve rapide et dangereux, un nombre égal de lieues t'amène à Avignon.

Salon. — Tombeau de Nostradamus.

Lorsqu'on se rend directement de Marseille dans cette dernière cité, on traverse Salon, ville élégante avec un château, mais célèbre surtout parce que l'une de ses églises, consacrée à saint François, renferme les os de Michel Nostradamus, illustre mathématicien qui vivait il y a près d'un siècle. Son épitaphe est conçue en ces termes :

« Ici sont les os de Michel Nostradamus qui, seul entre tous les mortels, sut, avec sa plume presque divine, prédire les événements qui arrivent par l'influence des astres. Il vécut soixante-deux ans, six mois et dix-sept jours. Il mourut l'année du salut 1567. Ne lui enviez pas son repos. Ce monument lui a été érigé par sa femme Anna Pontia Gerena de Salon (1). »

(1) Le tombeau de Nostradamus est aujourd'hui détruit ; mais le célèbre astrologue n'en a pas moins gardé sa réputation dans le midi, où son nom figure sur les almanachs, comme chez nous celui de Mathieu Laënsberg. Une vieille tradition prétend qu'il n'est pas mort et qu'assis dans sa tombe, il compose, à la lueur d'une lampe funéraire, les prédictions relatives au temps, qui figurent dans nos calendriers. Ajoutons que, si les Centuries de Nostradamus ont conservé une grande vogue, même pendant le dix-septième siècle, il ne manquait pas d'esprits sensés qui les regardaient comme un ramassis de billevesées. Voici à cet égard un passage rempli d'intérêt : « Je crois devoir rapporter au voyage d'Arles ce que Gassendi raconte lui être arrivé à Salon, dans la maison de J. B. Suffren, juge de cette ville. Il leur communiqua l'horoscope d'Antonin Suffren, son père et frère de Jean Suffren, jésuite, confesseur de Louis XIII. Cet horoscope était fait et écrit de la propre main de Michel Nostradamus. Charmé de cette découverte, Gassendi voulut examiner cette pièce : il interrogea Suffren sur les circonstances

Tu vas maintenant visiter deux districts de France qui n'obéissent pas à la couronne ; l'un de la vie de son père, dont il était très instruit, ayant vécu longtemps avec lui. Après avoir observé le point précis de sa naissance, que Nostradamus avait calculé selon les règles, Gassendi s'arrêta précisément aux circonstances suivantes. Le prétendu prophète disait que Suffren porterait une longue barbe et fort crêpée, et il se fit toujours raser ; qu'il aurait des dents malpropres et mangées de la rouille, et il les eut jusqu'à sa mort très-blanches ; que dans sa vieillesse, il serait fort courbé, au contraire, il porta toujours son corps fort droit : qu'à sa dix-neuvième année, il aurait une succession étrangère ; il n'eut jamais que celle de son père ; que ses frères lui dresseraient des embûches, et que dans sa trente-septième année, il serait blessé par ses frères utérins ; mais il n'en eut jamais, et son père n'eut qu'une femme ; qu'il se marierait hors de la province : il se maria à Salon même ; qu'à sa vingt-cinquième année, ses maîtres lui apprendraient la théologie, les sciences naturelles ; qu'il s'appliquerait surtout à la philosophie occulte, à la géométrie, à l'arithmétique, à l'éloquence ; il n'étudia que la jurisprudence, dont le prophète ne dit mot. Il oublie aussi de marquer que cette année, il fut reçu conseiller au parlement de Provence : il ajoute que dans sa vieillesse, il aimerait la navigation, la musique, les instruments; il ne s'embarrassa, ni jeune ni vieux, de toutes ces choses ; il ne fit même jamais aucun voyage sur mer, et mourut l'an 1597, quoique Nostradamus ne fixât sa mort qu'en 1618. Gassendi ne manqua pas dans la suite de faire usage de cet horoscope, contre les astrologues.»
Vie de Gassendi. Paris, 1737. Page 177.

est le Comtat-Venaissin, l'autre la principauté d'Orange.

Comtat-Venaissin.

Le premier est borné au levant et au midi par la Provence, au nord par le Dauphiné, au couchant par le Rhône. Il fut habité autrefois par les Gaulois Cavares (1).

(1) Mérula prétend retrouver le nom des Cavares dans l'expression *Gavotz* employée tout le long du Rhône, depuis Valence jusqu'à Avignon ; mais il est douteux qu'il ait raison. Aujourd'hui, on applique dans le Comtat-Venaissin ce terme de *Gavot*, en plaisantant ou par mépris, à tout homme qui vient du nord, aux montagnards de l'Auvergne, quelquefois même aux Parisiens. Il est probable que ce mot désignait, dans l'origine, d'une manière exclusive, la population du Gévaudan, contrée montagneuse dont les habitants devaient paraître un peu grossiers aux riverains du Rhône. Peut-être y a-t-il quelque analogie entre les *Gavots* et une certaine race dont Mérula parle en ces termes : « On trouve en plusieurs lieux de la Gascogne, notamment à Bordeaux, contre la porte de Sainte-Eulalie et presque dans le faubourg, une espèce d'hommes qu'on appelle *Capots*, ou quelquefois *Gahets*. Ils sont détestés dans le pays, et tout le monde fuit leur société ; car ils passent pour avoir la lèpre. Soit que cette maladie les infecte, soit que les villes et les cités leur soient interdites, ils sont forcés d'habiter les faubourgs et les endroits les plus reculés. Dans les églises même on leur marque une place à part, car on croit qu'ils corrompraient leurs voisins. Ils sont pour la plupart charpen-

Il obéit successivement aux Romains, aux Goths, aux Bourguignons, aux Francs, aux empereurs romano-germains, aux rois d'Arles et aux comtes de Provence, jusqu'au jour où Jeanne, reine de Naples et de Sicile, le vendit au pape Clément VI. Les opinions diffèrent à

tiers ou tonneliers et adonnés aux arts mécaniques. On les voit travailler très-assidument. Cependant il y a sur leur visage et dans leur manière de se comporter quelque chose qui inspire le mépris et la haine. Leurs femmes sont assez belles, mais tous exhalent une odeur désagréable, qui incommode lorsqu'on les approche ou qu'on leur parle. Les plus pauvres vivent au jour le jour, se louant en guise de domestiques pour la journée, et n'osant rien dire lorsqu'on les outrage, même quand l'injure part d'un homme de la plus basse condition. Si l'un d'eux vient par hasard à s'enrichir, ses enfants n'héritent pas de lui, si ce n'est de ses meubles, dont tous ont horreur, comme s'ils donnaient la peste. » Jodocus ajoute que lorsqu'il passa à Toulouse, il rencontra un jeune homme fort instruit qu'il a eu occcasion de louer dans quelque endroit de son itinéraire : ce dernier l'informa que les *Capots* avaient demandé récemment la permission de se marier avec qui bon leur semblerait, et offert de démontrer, en s'ouvrant les veines et en se tirant du sang, qu'ils n'avaient rien d'impur, comme on le prétendait à tort. La véritable cause, dit Jodocus, qui les a frappés d'une sorte de malédiction, c'est que ce sont les restes des Goths, anciens conquérants de l'Aquitaine. Le nom qu'ils portent, *Cahets*, *Cahots* ne diffère pas beaucoup de celui de *Goths*, et favorise ma conjecture.

ce sujet. Mérula prétend que cette vente eut lieu comme compensation du tribut que le royaume de Naples, fief du siége apostolique, devait à la cour de Rome, et qui n'avait pas été payé depuis plusieurs années. Mais, dans son *Histoire des comtes de Provence*, Clappier affirme que Jeanne agit ainsi afin d'obtenir le titre de roi pour son mari Louis de Tarente, qu'elle avait épousé après avoir fait tuer son premier époux: « Pour cette raison, elle vendit la ville d'Avignon et son territoire quatre-vingt mille florins d'or de Florence, à Clément VI et à l'église romaine, le 9 juin 1348; mais on soupçonne que ce ne fut là qu'une vente simulée, destinée à obtenir en échange l'agrément du pontife; car si le prix est stipulé, il n'est dit nulle part que l'argent ait été compté. » On ne s'accorde pas davantage sur la date de cette transaction. Il faut noter néanmoins que dans une chambre du palais des papes, où l'on voit les portraits des pontifes qui résidèrent à Avignon, on trouve cette inscription latine: « Clément VI a acquis la ville d'Avignon à titre d'achat, l'an MCCCXLIII. »

Le pays est extrêmement fertile ; on y voit fleurir la teinture de la soie et du drap, et il tire un grand profit de ses moulins à papier. Les principaux fleuves qui l'arrosent sont le Rhône, la Durance et la Sorgue.

Avignon.

Avignon est la capitale du Comtat. Depuis le

jour où les papes sont retournés à Rome, cette ville est la résidence d'un vice-légat apostolique, qui est changé tous les trois ans, et qui a douze suisses pour gardes. Elle possède en outre un archevêché et une université célèbre, parce que Paul de Castro, André Alciat et Emile Ferret y ont professé le droit. Elle occupe la rive gauche du Rhône ; au point où elle touche le fleuve, se dresse une roche très-élevée sur laquelle sont placés deux canons, près de la chapelle de Saint-Martin.

Pont Saint-Bénézet.

Elle est séparée de Villeneuve, situé en Languedoc, sur la rive opposée du Rhône, par un pont qui avait autrefois douze cent vingt pas de long et vingt-trois arches. Il dépend en entier de la juridiction royale, excepté une toute petite partie, située près de la porte de la ville (1). Les habitants racontent une légende

(1) On voit par les anciennes bulles que le Rhône appartint d'abord aux rois de France et aux papes, moitié par moitié. Les premiers empiétèrent peu à peu sur les seconds, et il fut enfin stipulé que la juridiction royale s'arrêterait où finissait l'eau. Il résulta de cette clause que, dans les inondations, les officiers royaux s'élançaient de Villeneuve et allaient planter le drapeau de la France dans toutes les parties de la ville inondées par le Rhône ; ce qui produisait de violents conflits entre eux et l'administration papale. J'ignore à quelle époque

merveilleuse relative à la manière dont ce pont fut construit par saint Bénézet, qui l'éleva avec une grande rapidité. Tu pourras lire cette légende en détail dans les *Antiquités de la France* de l'historien Duchesne. Aujourd'hui une bonne partie de ce pont a été enlevée par les eaux. Les remparts d'Avignon sont très-agréables à voir et ne le cèdent en rien à ceux de Saumur, de Montpellier et d'Aigues-Mortes. Avignon renferme des édifices magnifiques, qui étaient autrefois, dit Mérula, au nombre de sept fois sept : sept palais, sept paroisses, sept hospices, sept monastères de femmes, sept colléges, sept couvents, sept portes. Maintenant ce nombre n'est pas régulier.

Voici ce qu'il y a à remarquer dans les églises :

1° Dans celle de la Madeleine, on voit une épitaphe qui commence par ces deux vers allemands : « Notre vie et notre mort, tout est dans les mains de Dieu. » Au-dessous se trouvent ces paroles en latin : « Ci-gît l'illustre et noble Guillaume Théodore Nothhaft de Homberg, de la noble et illustre famille allemande des Nothhaft de Homberg. Le désir de connaître les

---

le pont passa en entier sous la domination du roi; mais la tradition avignonnaise qui en impute la destruction à Louis XIV, n'a pas de fondement, comme on le voit indirectement par le témoignage de Jodocus, qui écrivait en 1612. Une évaluation plus modérée donne à sa longueur primitive une étendue de sept cent quatre-vingt-deux pieds.

villes et les mœurs de la France, l'ayant amené ici, il périt près des murs d'Avignon, lors d'une inondation subite du Rhône, et laissa aux siens d'éternels regrets. Son compatriote Barthélemy Solighofer de Saint-Gall, remplissant envers lui le dernier devoir de l'amitié, lui a fait élever ce monument revêtu des armes de sa famille, et aux frais de ses parents, dans la chapelle de Saint-Etienne, dans l'église de Sainte-Madeleine. Il mourut l'an du Seigneur MDXCVI, le XI juin, à l'âge de vingt ans. »

2° Dans l'église des Frères prêcheurs, l'épitaphe du jurisconsulte Ferret.

5° A Saint-Martial, l'épitaphe du cardinal Lagrange, évêque d'Amiens, et les portraits de tous les abbés de Cluny; parmi ces derniers brille un roi de Pologne, sous l'image duquel on a gravé les mots suivants : « Charles, roi de Pologne se retirant en France, s'y consacra, à la vie monastique et fut ordonné diacre sous le nom de frère Charles. Au bout de trois ans, étant redemandé par les Polonais, le Saint-Père voulut bien le relever de ses vœux, mais aux condition suivantes : 1° Que les Polonais jeûneraient tous les mercredis, se contentant d'un seul repas. 2° Qu'ils porteraient tous la tonsure ronde des moines. 5° Que les nobles suspendraient une étole à leur cou aux jours de fête pendant qu'on dirait la messe. 4° Que chaque individu du peuple paierait une obole pour une lampe qui brûlerait à Rome. En l'année quinze cent un. »

4° Aie soin de visiter l'église des Célestins, et d'y remarquer l'épitaphe de Clément VII, ainsi qu'un maître-autel en marbre blanc donné par le roi René. Dans la crypte on voit le tombeau de l'anti-pape Pierre de Lune et une source que le peuple croit douée du pouvoir de guérir diverses maladies. Notons encore un tableau dans lequel est figurée l'aventure d'un enfant fracassé et miraculeusement guéri ; une peinture représentant un squelette de grandeur naturelle, ouvrage de René d'Anjou, qui l'exécuta pour les Avignonnais lorsque ceux-ci lui demandèrent un souvenir, au moment où il partait pour son royaume. J'ai déjà parlé d'images semblables. Je mentionne enfin un tableau qui a rapport à Louis de Valois, fils de Charles, duc d'Orléans, et sur lequel on voit des vers latins et français.

5° Dans l'église des Cordeliers, le tombeau de Laure, la célèbre amante de Pétrarque.

Laissons maintenant les édifices sacrés, et parlons du palais des papes.

Palais des papes.

A l'entrée se trouvent les portraits des quatre architectes. On montre une chambre qui fut à moitié démantelée par une explosion, dit-on ; elle est aujourd'hui métamorphosée en jeu de paume. Une autre salle, où l'on avait coutume d'élire les pontifes, sert à jouer au ballon. Une autre encore, dans laquelle le vice-légat

donne audience, est ornée de ces vers latins :
« Toi qui admires ces constructions immenses et ces murailles surmontées de tours, ouvrage d'un art infini, cependant ne méprise pas notre aspect modeste, à nous qui ne voulons d'autre gloire que celle d'être utile. »

Parmi les tours du palais, s'en trouve une très-haute, dont le sommet est percé d'une embrasure contenant un canon qui domine le pont. J'ignore si c'est de celle-là ou d'une autre que tomba l'enfant dont j'ai parlé tout-à-l'heure et qui fut guéri miraculeusement par l'anti-pape Pierre de Lune. Il faut visiter aussi la chapelle de l'église, la salle d'audience de la Rote, et l'arsenal voisin.

Tu remarqueras dans l'école de droit, une chaire portant cette inscription latine: « Chaire d'Emile Ferret ; j'orne l'homme habile, je fais tort à l'ignorant. »

Le nombre des juifs est très-grand ici ; mais ils ne peuvent habiter Avignon qu'à la condition d'assister toutes les semaines à une prédication qui leur est faite par un moine catholique dans leur propre synagogue.

Il y a d'autres curiosités que je n'ai pas vues, comme la maison du roi René, la place *Pie*, douze portraits de marbre des empereurs romains, et mille choses encore dont tu pourras avoir connaissance si tu te lies avec le médecin Henri Bacmann, ton compatriote, qui est tout disposé à être agréable aux Allemands.

Mais prends bien garde à ceux qui te poursuivent dès ton entrée dans la ville, pour te vendre des marchandises vivantes. Sache que celles-ci sont de très-mauvaise qualité.

Méfie-toi surtout des juifs, qui sans t'apporter des denrées de même nature, assiégeront ta bourse sans te laisser aucune trève. Tu te débarrasseras pourtant d'eux plus facilement que des premiers.

Villeneuve-lès-Avignon.

De l'autre coté du Rhône, à l'entrée de Villeneuve, s'élève le fort Saint-André, édifice très-bien construit, et où l'on entretient une garnison perpétuelle.

Voilà tout ce que j'ai à te dire d'Avignon, capitale du Comtat, où l'on trouve trois autres villes épiscopales, à savoir : Carpentras, Cavaillon et Vaison.

Vaucluse.

Lorsque tu seras à Avignon, et même avant d'y arriver, car tu n'as pas besoin de te détourner beaucoup de la ligne droite, souviens-toi de Vaucluse, où le célèbre poète Pétrarque aimait à se retirer pour se livrer à ses méditations philosophiques. Des roches environnent cette source dont les eaux sont d'une limpidité parfaite.

Orange.

Du comtat Venaissin, tu te rendras dans la

principauté d'Orange, qui tire son nom de la ville d'Orange, sa capitale. La terre y est d'une grande fertilité. On y trouve beaucoup de safran. Mais on prétend qu'il n'y a pas d'oranges, si toutefois le proverbe est vrai : « en Orange, il n'y a point d'oranges. » Les derniers princes de ce pays sont les comtes de Nassau. La ville se trouve sur une rivière nommée Argente ; elle était beaucoup plus grande autrefois, et fut fondée jadis par les *Secundains*. Elle possède un château susceptible de recevoir une forte garnison, et dans lequel on voit trois cours : la vignasse, le donjon, la courtine. On y a creusé un puits d'une immense profondeur. Du sommet, la vue s'étend sur les sept provinces suivantes : le Languedoc, la Provence, le Dauphiné, le Vivarais, l'Auvergne, le Forez, et le territoire de la principauté.

Arc d'Orange.

Les monuments antiques qu'on rencontre ici sont l'arc de Marius, et les ruines du théâtre et du temple de Diane. Voici ce que l'on communiqua en français à mon ami, dans la ville même, relativement aux deux premiers :

« Les Romains, jugeant la ville d'Orange digne de leurs monuments, l'embellirent de ce grand arc triomphal dressé, cent ans avant la Nativité de Notre Seigneur Jésus-Christ, à l'honneur de C. Marius et Catulus Luctatius, consuls romains, après la victoire obtenue par eux sur les Teutons et Ambrons Cimbres, qui furent vaincus plusieurs fois en bataille rangée, ainsi que les historiens et marques dudit monument témoignent, et de fait les combats et batailles s'en peuvent encore remarquer par les ouvrages relevés du côté du midi et septentrion, où l'on voit les représentations des pavois, piques, targes et autres sortes d'armes des Romains, des navires brisés, des cordages, des mâts, tridents, et autres pièces servant à la navigation; mais principalement les noms desdits Marius et Catulus qui se lisent fort apertement en deux endroits, et par la figure des gens à pied, et à cheval, les uns rendant le combat, les autres emportés par l'effort et fureur de la guerre. On voit aussi en un coin la figure de Marthe Syrienne, pythonisse, tenant le doigt à l'oreille, de laquelle ledit Marius se servait pour la prédiction des choses à venir et succès des batailles, la faisant conduire avec honneur et révérence dans une litière, vêtue d'une grande robe de pourpre, et assister au sacrifice, l'ayant en admiration à cause des merveilles qu'on disait qu'elle avait faites à Rome en présence de la femme dudit Marius, ainsi que Plutarque e autres historiens ont laissé par écrit, et, à l'opposite, du côté du septentrion tirant au levant, on voit la marque de l'enseigne et oriflamme des Romains appelée labarum, lequel ils faisaient porter par cinquante chevaliers, les jours des batailles et combats, en laquelle enseigne consistait une partie de l'honneur et de la grandeur de l'empire. On y voit aussi la forme et la figure de toutes les pièces desquelles les mêmes Romains se servaient en leurs sacrifices. On voit aussi sur le midi les images des chefs de leurs ennemis menés en triomphe, ayant les mains liées par derrière, et le nom du roi de cette grande armée des barbares, appelé Teutobochus, comme témoigne quelque historien, se trouve écrit sur une pierre dudit bâtiment, est cheute par l'injure du temps, duquel nous n'avons autre témoignage que celui qui en a été laissé par ceux qui nous ont précédés.. Mais en tout ce bâtiment, il semble qu'il n'y a rien de plus remarquable que la structure et la magnificence du grand portail.... qui est au milieu de deux autres petits arcs bâtis de grandes pierres avec leurs pilastres... chapiteaux frisés et autres ouvrages admirables. Or les plus grands combats qui sont représentés audit arc se firent en Provence, près la ville d'Aix, et encore, comme aucuns estiment avec quelque apparence, près d'un lieu qu'on appelle Pourrières, où les mêmes Romains laissèrent les marques de leurs victoires par les monuments qu'ils y firent dresser, l'antiquité desquels se voit encore malgré les ans : c'est pourquoi on a parlé depuis toujours en mémoire de cette grande journée, et des combats qui furent faits en ce quartier là, et se parle encore du triomphe de Pourrières. Mais ainsi il y a apparence que partie des ennemis fut vaincue près du lieu où le triomphe fut dressé. Car il y a un quartier du territoire de ladite ville d'Orange, aboutissant la rivière du Rhône, qu'on appelle Martignant par abus et corruption du mot, qui vraisemblablement derive de Marius plutôt que de Mars, comme aucuns estiment. L'on dit qu'une partie des Romains y campa et fit séjour quelque temps, pour remarquer la contenance de leurs ennemis, et s'accoutumer à leur façon de faire, et pour avoir plus de commodité de fortifier leur camp, et le munir de toutes sortes de munitions de guerre et de vivres, vaincre par le temps et par la patience les barbares, et détourner ce grand orage qui devait aller fondre sur l'Italie. Marius fit faire un canal appelé depuis fosse Marianne, pour se rendre à bord des navires plus aisément, et fortifia de grands retranchements son camp, attendant l'opportunité pour en venir aux mains, et donner sur l'ennemi : comme il fit, lorsqu'il le vit porté en désordre. En somme, cet arc triomphal est admirable, tant par son antiquité que pour la rareté des ouvrages sculptés qui représentent lesdites batailles.

« Lesdits Romains, pour gagner les bonnes grâces du peuple, embellirent aussi ladite ville d'Orange, d'un cirque qui est au pied de la montagne en forme de théâtre, que le vulgaire appelle *cire* par abus, ayant devant et en perspective un des plus beaux ponts par des murailles qui soient en Europe, tenant dix-huit cannes de hauteur, soixante quatre et un quart de long, ce qui revient à deux cent vingt-sept pieds français, duquel les jeux et combats se faisaient tantôt des hommes seuls, et tantôt avec les bêtes sauvages, comme ours, taureaux, lions, panthères; quelquefois les hommes combattaient entre eux à cheval, dans ces lices et stades, telles que celles qu'on voit au devant dudit cirque, ce qui se peut vérifier par les marques des bâtiments qui sont au dehors d'iceluy par où on voit les siéges des spectateurs faits en forme de degrés, et en voûte basse tirant contre-mont la montagne servant pour toutes sortes de personnes, mais principalement pour les chevaliers, lesquels siéges étaient appelés par les mêmes Romains *Cannae*; on y remarque encore par dedans une corniche de marbre richement entaillée, fort élevée, ou possible était le lieu destiné pour le siége des consuls et autres personnes, appelé *podium* ou pieça; était l'orchestre là où les magistrats se tenaient, ou plutôt ce devait être le siége des empereurs ou de leurs lieutenants, qui était éminent et élevé, appelé *suggestum*, comme l'endroit où ladite corniche est posée : laquelle marque par la richesse de ses ouvrages, la dignité de la place destinée pour le siége des plus honorables personnes. Il y a aussi plusieurs arcs et portes en ladite muraille, fermant ledit cirque du côté du septentrion, dont il y en a une au milieu très-grande comme la principale, les autres étant tellement proportionnées, et d'un côté et de l'autre, avec leurs pilastres, chapiteaux et corniches, que cet édifice est du tout admirable. Mais il y a grande apparence que lesdites portes qui ont été fermées depuis peu de temps, comme se voit par le bâtiment d'icelles qui n'est guère vieux, servaient principalement pour le passage des hommes et des bêtes destinés au combat. Et quant aux beaux corps de logis qui sont à chaque bout dudit cirque, il y a apparence que c'était ordinairement les théâtres et amphithéâtres pour enfermer les bêtes sauvages, ou l'un et l'autre servaient pour enfermer les gladiateurs, et les en faire sortir pour entrer au combat ou d'homme à homme, ou avec les bêtes : car quelquefois les hommes, comme les prisonniers de guerre, et les chrétiens, du temps des empereurs, étaient exposés aux bêtes, dans les théâtres, pour donner passe-temps au peuple, laquelle sorte de combat était extrêmement cruelle et effroyable, se faisant de sang-froid. C'est pourquoi la plupart du temps ceux qui étaient condamnés à tels spectacles aimaient mieux se défaire de leurs propres mains, que de servir de passe-temps au peuple et de pâture aux animaux. Or tous ces combats se faisaient premièrement lorsqu'on devait aller en quelque expédition et à la guerre, pour accoutumer les soldats aux armes et combats, et lors desdits combats, on avait accoutumé de jeter du sable au fond du théâtre, afin que le sang ne fît horreur aux gladiateurs, et pour y aller plus à l'aise. C'est pourquoi on appelle les cirques et théâtres *des arènes*. On avait aussi dans ledit cirque des degrés servant pour monter aux siéges et lieux plus élevés et éminents. » (1)

Voilà ce qui est généralement admis, mais Isacius, dans son *Itinéraire de la Gaule Narbonnaise*, exprime une opinion différente ; suivant lui, cet arc n'a pas été élevé par Marius, mais par Q. Fab. Maximus ; il s'appuie d'une part sur le témoignage de Florus, d'autre part, sur ce que l'arc lui-même, du côté où il regarde Lyon, présente la statue d'un roi qui a les mains liées derrière le dos, et qui porte sur la poitrine le nom de Buduacus, très usité chez les Arvernes. Le même auteur croit avoir remarqué sur le monument en question les portraits de trois triomphateurs qu'il pense être : C. Sextius, Cn. Domitius Aenobarbus, et Q. Fabius Maximus : parmi lesquels le premier attaqua principalement cette partie de la Gaule, tandis que le second l'affaiblit par plusieurs victoires, et que le troisième, ayant défait Bu-

---

(1) Tout ce morceau est en français dans l'original, mais nous en avons rajeuni l'orthographe et corrigé les fautes les plus grossières.

duacus, la réduisit en province romaine. Isacius regarde encore la muraille qu'on dit avoir appartenu au temple de Diane, comme un reste de deux temples consacrés l'un à Mars, l'autre à Hercule. Il se base de nouveau sur un passage de Florus, d'après lequel, à l'endroit où l'Isère et le Rhône se joignent, Q. Fabius Maximus, avec moins de trente mille soldats, défit une armée gauloise de deux cent mille hommes et éleva un trophée de pierre blanche ainsi qu'un temple à Mars et un autre à Hercule. Mais je crains bien que cette conjecture d'Isacius ne s'accorde pas avec la nature des lieux. En effet, Orange se trouve fort loin du confluent du Rhône et de l'Isère.

On voit de plus en cet endroit une source qui a la propriété de guérir les femmes de la stérilité lorsqu'elles s'y baignent, et qui tire de là son nom.

Pont-Saint-Esprit.

A une distance peu considérable se trouve Pont-Saint-Esprit, jolie ville fortifiée où l'on passe le Rhône sur un beau pont de pierre, qui a douze cent six pieds de long, quinze de large, et vingt-deux arches. Les colonnes qui forment celles-ci sont à jour, de manière que l'eau s'en échappe comme par une fenêtre, lorsque le fleuve grossit démesurément. Ce lieu est un peu sur la gauche, hors du chemin; mais il mérite d'être vu. Quand on descend le Rhône, en faisant le voyage inverse, il est bon, si le temps menace, de sortir du bateau avant d'arriver à Pont-Saint-Esprit, car cet endroit est dangereux à franchir.

Mornas.

En suivant la route directe, on trouve Mornas, qui possède un château, au sommet d'une roche escarp; éeBollène, appartenant au pape, et Pierrelatte, ville située à cinq lieues d'Orange. Là on prend un chemin montueux qui vous amène à Châteauneuf, où il y avait autrefois une double forteresse construite de manière à occuper deux collines, que des murailles unissent encore.

Montélimart.

Il faut faire trois lieues pour atteindre de ce point Montélimart ; quatre lieues de plus vous conduisent à Loriol et après avoir passé la ville et le château de Livron, situé près du confluent du Rhône et de l'Isère, on trouve, à une distance égale, Valence, première ville du haut Dauphiné.

Dauphiné.

Cette province tire son nom soit de l'antique château appelé château Dauphin, soit de Delphinus, fils d'un comte qui, vers l'année 1064, s'empara de tout ce territoire ainsi que de Grenoble, et lui donna le nom de son fils. Elle est bornée au levant par la Savoie et le Piémont, au couchant par le comtat Venaissin, le Vivarais et une portion du Languedoc, au nord, par le Lyonnais et la Bresse. Ces princes portèrent le nom de *Dauphins*; le dernier d'entre eux, nommé Humbert, embrassa l'état monastique, après avoir perdu un fils qu'il aimait tendrement, et légua sa principauté aux rois de France, à la condition que le premier prince du sang prendrait le titre de Dauphin et écartellerait les armes du Dauphiné avec celles de France. Cet événement eut lieu vers 1340. Le premier dauphin de sang royal fut le fils de Jean, qui régna plus tard sous le nom de Charles V (1).

On divise cette province en deux parties, le haut et le bas Dauphiné : le premier touche la Provence et la Savoie, le second est limitrophe du Lyonnais et de la Bresse. Cette contrée n'a pas partout le même caractère ; il y a des endroits où elle est très productive ; dans d'autres elle est stérile. En général, le pays

(1) Mérula ajoute que le frère Humbert, ancien seigneur du Dauphiné, termina sa vie à Paris, dans le couvent des Jacobins, où l'on voyait son tombeau avec cette épitaphe : « Cy gist le père et très illustre seigneur Humbert jadis Dauphin de Viennois : puis laissant sa principauté, fut fait frère de notre ordre, et prieur de ce couvent de Paris, et enfin patriarche d'Alexandrie et perpétuel administrateur de l'archevesché de Rheims, et principal bienfaiteur de ce nostre couvent. Il mourut l'an de grâce mil trois cent cinquante-cinq. »

est montueux, ce qui ne l'empêche pas de produire d'excellents vins, particulièrement aux environs de Grenoble, où l'on voit des ceps de vignes extrêmement vieux s'élever jusqu'au sommet des autres arbres. Les Dauphinois ne peuvent souffrir aucun joug, et se montrent terribles contre l'ennemi; ils entendent assez bien les affaires lorsqu'ils ne sortent pas de chez eux; mais ils se laissent facilement attraper par leurs voisins. Les campagnards sont lourds, stupides et bouchés. Les nobles et les habitants des villes sont polis, dépourvus de toute arrogance, aimables et vifs, sans que leur gravité en souffre, et très bien organisés pour l'étude des sciences.

Valence.

La ville de Valence, située au milieu du district appelé le Valentinois, jouit du titre de duché, et possède un évêché et une université. Elle avait de belles églises, qui ont été ruinées dans les guerres civiles; on les restaure aujourd'hui. A l'entrée de celle de Saint-Apollinaire, tu remarqueras une inscription antique placée à gauche du seuil.

On montre dans l'église des Jacobins le portrait et les os d'un géant nommé Buard, qui était haut de quinze coudées. Tu as déjà remarqué à Moulins une peinture représentant ce même personnage (1). Des inscriptions romaines ont été trouvées ici en grand nombre. On voit dans les ruines de l'église de Saint-Pierre, une grotte qui se prolonge sous le Rhône et permet d'atteindre l'autre rive, à ce qu'on prétend, du moins. On trouva jadis en ce lieu un tombeau dans lequel était renfermé un corps de femme intact en apparence, et qui se réduisit en cendre au contact de l'air ; ce corps était orné de pierreries et accompagné de cette inscription : Sainte-Justine, martyre. On montre encore ce tombeau, à ce qu'on m'a dit, en dehors de la porte de Saint-Félix. Il faut visiter aussi des sources célèbres et une forteresse composée de cinq redoutes.

Tain. — Tournon.

A trois lieues de Valence tu trouves Tain, ville qui appartient au comte de Tournon. Mon-

---

(1) On voyait de même dans le monastère de Wiltheim en Tyrol, d'après ce que rapporte Vinand Pighius, écrivain Belge du 16me siècle et auteur d'un *Itinéraire de Vicence à Venise*, la statue de bois et le portrait peint d'un géant nommé Haimon, qui avait douze pieds de haut, et qui, après avoir tué un dragon, jeta les fondements du monastère dans lequel on l'ensevelit plus tard. On conservait en ce lieu la langue du dragon; elle était longue d'une aune, et avait la forme d'un sabre à deux tranchants. Charles V, lorsqu'il passa dans le Tyrol, coupa par curiosité un morceau de cette langue.

te en barque et traverse le fleuve pour visiter cette dernière cité placée sur l'autre rive ; elle possède un château fort, un collége de Jésuites et une bibliothèque bien fournie.

Vienne.

Six lieues de plus t'amènent à Bourg-du-Péage et trois lieues encore à Vienne.

La meilleure hôtellerie de cette ville a pour enseigne *A la Coupe d'or*. L'aubergiste te fera voir un livre dans lequel sont décrites les antiquités que possède la ville et les environs. Je vais t'indiquer les principales, quoique je doute beaucoup qu'elles soient telles que les habitants le prétendent.

Vienne est une ancienne cité à laquelle Ausone donne l'épithète d'Alpine. Le territoire environnant se nomme le pays Viennois. Il est arrosé par le Rhône et le Gier, dont on utilise les eaux pour faire tourner des moulins à papier et pour fabriquer des lames d'épées.

Fabrique d'épées.

Ne néglige pas de visiter ces forges vulcaniennes, où l'on peut livrer une grande quantité d'armes pour un prix très modique. Tu t'étonneras que l'industrie humaine ait pu forcer les eaux à rendre de tels services.

Lorsque les Sénones firent irruption en Italie, ils élevèrent un temple à Mars et à la Victoire. Aujourd'hui la principale église est consacrée à saint Maurice. Devant l'autel, tu verras l'épitaphe du dauphin François, fils de François 1er, roi de France ; elle exprime les regrets des Viennois sur la mort de leur prince, et indique que le cœur de celui-ci a été enseveli en ce lieu. On lit sur cette épitaphe la date de 1548.

Au-dessus de l'entrée de l'église, il y a un buste en marbre qui représente son fondateur.

Dans celle de Saint-Pierre, une chapelle renferme un saint sépulcre de marbre, entouré d'une grille de fer : cet ouvrage est remarquable. L'église de Notre-Dame est carrée ; elle est soutenue par huit colonnes dans le sens de sa longueur, par quatre colonnes dans l'autre. On affirme que c'était le prétoire de Ponce-Pilate. Au dehors il est écrit : *C'est la pomme du sceptre de Pilate.*

Maison de Ponce-Pilate.

Les habitants rapportent, d'après saint Jérôme, que ce personnage fut exilé en cette ville ; ils font voir la tour dans laquelle il fut emprisonné, la pyramide qui occupe la place où se trouvait sa maison, la caverne où il se précipita, caverne dont l'entrée est toujours couverte de nuages.

L'amphithéâtre de Vienne existe encore en partie ; les anciennes murailles ont fourni bon nombre de pierres pour la construction du collége. Fais-toi montrer la prison où fut enfermé le prince d'Orange, et l'hôpital, où tu pourras lire des vers latins relatifs à la fondation et à la destruction de l'ancienne ville. On voit ici deux châteaux; le Pipet, qui occupe le haut d'un rocher, et la Bastie, dont l'intérieur est en mauvais état.

Lyon.

A cinq lieues de distance se trouve la ville de Lyon, rempart et marché de toute la France. Cette illustre cité donne son nom au Lyonnais, qui est borné au levant par la Savoie, au nord par la Bresse, au couchant par le Forez et l'Auvergne, au sud par le Dauphiné et le Languedoc.

Il faudrait composer un volume pour décrire tout ce qui mérite d'être vu dans cette cité; je vais me contenter de mentionner ce qu'il n'est pas permis de passer sous silence; tu examineras le reste par toi-même.

On fait venir le nom de la ville, soit du fabuleux Lugdus, treizième roi des Gaules, soit du verbe *lugere*, parce que la cité fut détruite par un incendie, au sujet duquel il existe une élégie latine, qu'à publiée l'historien Claude de Rubys; soit de *Lucii Collis*, parce que Lucius Munatius Plancus rétablit sur la colline de Fourvières l'ancienne ville ruinée, qui se trouvait autrefois au confluent de la Saône et du Rhône; soit de *Lugda*, qui signifiait *foudre* en langue celtique, et qui était le surnom d'une des légions de César. Les deux fleuves qui l'arrosent lui ont valu les épithètes de *Rho-*

danusia et d'*Araria*. Le premier, qui prend sa source à peu de distance de celles du Rhin et du Danube, traverse le lac Léman (1), disparaît au fort de l'Ecluse, entre des rochers, et revient ensuite côtoyer le Dauphiné, et apporter aux Lyonnais toute espèce de marchandises, parmi lesquels il ne faut pas oublier le bois à brûler et le bois de construction. Il forme une Ile très-agréable au pont des Brotteaux ; mais malheureusement la navigation est périlleuse en plusieurs points de son cours, par exemple au pont Saint-Esprit.

La Saône, née dans les Vosges, forme opposition avec le Rhône ; car elle coule si lentement, qu'en la regardant on ne sait de quel côté elle se dirige. Si l'on en croit le livre des fleuves, attribué faussement

(1) Mérula, après avoir cité un grand nombre de passages d'auteurs anciens, relatifs au cours du Rhône, communique à ses lecteurs une note de Casaubon, dont voici un extrait : « Le torrent de l'Arve se jette dans le Rhône à environ cent pas du lieu où celui-ci sort du lac de Genève. Sa rapidité et son impétuosité sont telles, qu'après s'être joint au Rhône, il coule encore pendant plusieurs pas sans se mêler à lui ; quelquefois même grossi par la fonte des neiges, cet embryon de rivière interrompt le cours du Rhône, qui est forcé de revenir vers le lac. Ceci arriva, en provoquant la stupeur générale, dans la fameuse année 1472 ; les moulins de Genève placés sur le Rhône entre le lac et le confluent de l'Arve, virent leurs roues tourner en sens contraire dans l'espace de quelques heures. ».

à Plutarque, cette rivière s'appelait autrefois *Brigulus*. Polybe lui donne le nom de Scoras; mais Paul Mérula prétend qu'il y a ici une erreur de copiste et qu'il faut lire *Saonus*. Les historiens du pays rapportent qu'on la surnomma Sangona, à cause de l'épouvantable quantité de sang qui, se mêlant à ses ondes lors de la persécution exercée sous Septime Sévère, reflua jusqu'à Mâcon, et forma pendant quelques jours une aglomération au milieu de la ville. Ce fleuve apporte aux Lyonnais le froment, le vin, le charbon et bien d'autres denrées de première nécessité.

L'enceinte actuelle de Lyon comprend la colline appelée Fourvières, occupée par la ville que fonda Munatius Plancus, et l'île où plusieurs prétendent que Lyon existait autrefois, ainsi que la colline de Saint-Sébastien. Elle peut donc se glorifier de huit avantages : c'est une double cité, elle enferme dans son sein deux collines, elle occupe les rives de deux fleuves navigables et possède deux élégants ponts de pierre.

On trouve en conséquence, au milieu de ses immenses murailles, la montagne et la plaine, la terre et l'eau, des parties couvertes d'édifices, d'autres non encore bâties, c'est-à-dire des jardins, des vignobles, des prairies. Tu es également charmé, soit que d'en-bas tu regardes la haute ville, soit que d'en-haut tu promènes tes yeux sur la cité inférieure sans pouvoir les rassasier. On m'accusera d'exagération ; mais je ne crains pas d'affirmer qu'on ne trouverait peut-être pas en Europe, une seconde ville placée aussi avantageusement. En effet, le Rhône lui fournit d'actives communications avec l'Italie, l'Espagne, l'Afrique, le Levant et l'Occident. A douze lieues d'elle seulement commence le point où la Loire est navigable: c'est par ce dernier fleuve qu'on transporte les marchandises dans la plus grande partie de la France, dans le nord de l'Espagne, en Angleterre, en Belgique, en Danemarck, dans la basse Allemagne : de Gien, situé au bord de la Loire, il n'y a qu'un jour de voyage jusqu'à Montargis, où une autre rivière, le Loing, commence à porter les bateaux, pour se mêler ensuite à la Seine, de sorte que les denrées peuvent être expédiées commodément dans la métropole et dans tout le nord de la France. Il est vrai que la route par terre pour se rendre de là en Allemagne est un peu longue ; mais une fois embarquées sur le Rhin ou le Danube, fleuves dont le cours est immense, les marchandises vont atteindre les peuples les plus éloignés. Suivant moi, Lyon doit sa prospérité à toutes ces causes ; c'est par là qu'on y trouve une si grande quantité de commerçants et d'artisans soit nationaux, soit étrangers, ayant leurs corporations et leurs priviléges. Au point de vue de l'alimentation, on y rencontre des avantages extrêmes. Elle produit du vin entre ses murs comme dans tout son territoire; la Saône et le Rhône lui apportent d'ailleurs ceux de la Bourgogne, de la Provence, du Languedoc et du Dauphiné. Elle jouit aussi avec une grande abondance des biens de la terre, et le pays voit naître des fruits de toutes sortes. Il est agréable, aux premiers jours de printemps, de contempler dans l'intérieur de la ville comme au dehors, les amandiers déjà en fleurs, lorsque les autres arbres ne commencent même pas encore à bourgeonner. Si elle est habitée par un grand nombre d'individus, on y trouve le gros et le petit bétail et les volatiles nécessaires aux besoins de sa population. Elle mérite donc les éloges dont Polybe l'a gratifiée.

Déjà célèbre dans l'antiquité, au point de donner son nom à la Gaule lyonnaise, elle n'est pas moins illustre dans l'histoire de l'Eglise pour avoir eu des archevêques aussi pieux que savants, et un grand nombre de martyrs : « Parmi les églises de la France, s'écrie saint Bernard, abbé de Clairvaux, assurément celle de Lyon mérite la suprématie, pour la dignité de son siége, comme pour ses honorables études et pour ses louables institutions. Où une meilleure discipline a-t-elle jamais fleuri ? Où la gravité des mœurs ? Où la sagesse des conseils ? Où le poids de l'autorité ? » L'écrivain grec Irénée fut évêque de Lyon. Mais on peut consulter sur tout ce qui regarde cette matière, soit Claude de Rubys que j'ai déjà nommé, soit

Guillaume Paradin, soit Symphorien Champier.

Lors du triumvirat, Lucius Munatius Plancus, qui restaura la ville, étant resté vainqueur du parti d'Antoine, levé contre Auguste, s'entremit dans le but de plaire à celui-ci, pour que les soixante nations de la Gaule érigeassent à frais communs, au point de jonction du Rhône et de la Saône, un temple en l'honneur de l'empereur, où furent placés deux autels et autant de statues qu'il y avait de nations. La dédicace de ce monument eut lieu l'an de Rome 744, sept années avant que le Christ ne vînt au monde, et le jour même où Claude naissait à Lyon. Cet édifice était servi par trois cents augures dont le premier pontife fut Caïus Julius Verecundatus. On a trouvé beaucoup d'inscriptions qui ont rapport à ce collége de prêtres. A l'entrée de l'église de Saint-Etienne on voit une pierre qui fait mention du pontificat perpétuel. Je t'en indiquerai encore deux autres, dont l'une se trouve devant la porte du cloître de Saint-Jean, l'autre, enclavée dans le mur extérieur de la tour de l'église Saint-Pierre, dans le même cloître. Avant qu'un long temps se fût écoulé, Caligula, petit-neveu de Tibère, et quatrième empereur romain, ayant reçu à Lyon les honneurs d'un troisième consulat, témoigna sa joie en instituant des jeux publics et un combat d'éloquence en langue grecque et latine. Ce dernier avait lieu devant l'autel d'Auguste, et la condition imposée au vaincu était d'effacer ses écrits avec sa langue. On peut consulter à ce sujet Suétone, dans sa vie de Caligula.

Je crois que c'est à la même époque que ce lieu fut appelé Athénæum, du nom d'Athéné, qui correspondait à Minerve chez les Grecs; on pense retrouver cette appellation dans le nom de l'abbaye d'Aisnay. Ce temple fut détruit lorsque le christianisme commença à pénétrer à Lyon, et ses ruines servirent à orner l'église Saint-Jean et celle de l'abbaye d'Aisnay. Ce dernier monastère fut dédié par le pape Pascal II, en 1107; et de même qu'autrefois il y avait eu des luttes littéraires assez honorables, de même il y eut, à l'époque du christianisme, des combats plus glorieux encore : on sait comment quarante martyrs des deux sexes, parmi lesquels se trouvait l'évêque Pothin, scellèrent ici leurs croyances de leur sang et obtinrent la couronne de vie.

L'église de ce monastère ne répond peut-être pas aujourd'hui à son ancienne splendeur. On y voit cependant quatre grandes colonnes de granit, provenant du temple élevé par Plancus ; dans le chœur est une mosaïque de marbre représentant un archevêque : c'est, dit-on, l'image d'Amblard, qui restaura l'église ruinée par les Normands. Celle-ci est contiguë à un charmant jardin, où des rangées de tilleuls, formant des allées délicieuses, vous invitent à venir au mois de juin entendre le chant du rossignol et à chercher un frais abri contre la chaleur du soleil.

Sur le haut de la colline appelée aujourd'hui Fourvières, s'élevait un temple de Vénus, dont Claude de Rubys attribue la fondation à Auguste, mais qu'Isacius prétend avoir été élevé par Claude. Plus tard, on bâtit là une église collégiale en l'honneur de saint Thomas d'Aquin. Elle s'appelle Notre-Dame de Fourvières: c'est un édifice fort petit, mais où il y a pourtant dix chanoines. Les Lyonnais qui habitent le bas de la ville ont néanmoins ici des maisons de campagne et des jardins. Comme les sources manquent au sommet de la colline, on y supplée par un puits d'une grande profondeur et par des citernes où l'on recueille l'eau du ciel.

L'île Barbe.

On voit dans l'île Barbe un monastère à peu près de la même époque ; mais qui fut chrétien dès l'origine. Lorsque l'empereur Antonius Vérus persécutait les fidèles de Lyon, parmi ceux qui lui échappèrent, se trouvait un certain Pérégrinus, auquel les buissons dont l'île était alors couverte offrirent un refuge. Bientôt un monastère fut élevé en ce lieu, en l'honneur de l'apôtre saint André. Les Sarrasins le détruisirent ; mais Charlemagne le restaura et le dédia à saint Martin. Cet empereur véritablement digne du nom de grand, voulut y placer sa bibliothèque, parmi les manuscrits de laquelle se trouvaient les œuvres d'Ausone. Aujourd'hui les guerres civiles ont de nouveau ruiné ce monastère ; mais on y voit encore trois églises : Sainte-Anne, Sainte-Marie et Saint-Loup. Le lundi de Pâques est la fête qu'on y célèbre avec le plus de solennité ; à cette époque le peuple y accourt de toutes parts et l'île Barbe est tellement remplie de groupes de danseurs, qu'on y peut à peine circuler.

L'église cathédrale de Lyon est dédiée à saint Jean-Baptiste et à saint Jean l'évangéliste, dont on voit les statues de chaque côté du chœur. On croit que cet édifice fut construit en grande partie avec les ruines du temple d'Auguste. Il porte une tour à chacun de ses quatre angles. Il faut voir la curieuse horloge astronomique placée près du chœur et l'énorme cloche suspendue dans l'une des tours. Deux églises sont contiguës à celle-ci : Saint-Etienne et Sainte-Croix.

Saint-Nizier, qui servait de cathédrale sous les premiers évêques, n'est plus aujourd'hui qu'une église collégiale ; mais elle est fort belle. Remarque l'inscription placée près du chœur sur une table de bronze. L'église de Saint-Just, autrefois dans le faubourg, fut ruinée pendant les guerres civiles ; mais on l'a restaurée depuis ; je nomme encore l'église collégiale de Saint-Paul, près de la rue de Flandre, et Saint-Thomas de Fourvières.

Notre-Dame de Confort, église des Jacobins. renferme le caveau funéraire des Allemands ; il est couvert d'une pierre carrée sur laquelle on a sculpté l'aigle de l'Empire avec ces mots: *Cy est la sépulture des Allemands impériaux.* Dans ces dernières années, nous avons connu à Lyon plusieurs Allemands et particulièrement le danois Pierre Eisemberg, qui a seul, parmi tous ceux auxquels on doit des *Itinéraires de la France,* inséré dans ses *Délices* une description détaillée de ce monument. L'église de Saint-Irénée est une des plus anciennes. On y montre une partie de la colonne à laquelle le Christ fut attaché lorsqu'on le flagella, le tombeau de saint Irénée, l'autel de saint Polycarpe. Elle avait jadis un pavé de mosaïque ; mais il est usé aujourd'hui en grande partie. On y voyait entr'autres l'image des neuf muses, avec une inscription relative aux anciens martyrs qui, après avoir souffert pour la foi, jouissent maintenant de la lumière du Christ.

L'église des Minimes est élégante. Le monastère que les Chartreux se sont construit depuis peu d'années sur la colline de Saint-Sébastien, possède une vue magnifique. Celui des Célestins est sur la rive de la Saône, dans l'ancien emplacement où les ducs de Savoie tenaient leur cour.

A côté de ces édifices consacrés au culte, les habitants de Lyon en ont élevé beaucoup d'autres destinés à l'exercice de la charité et dans lesquels on reçoit et on nourrit les aveugles, les orphelins, les malades, les pauvres et les vieillards. Il faut rendre grâce aux Lyonnais de la libéralité avec laquelle ils font l'aumône, entretenant un grand nombre d'indigents, distribuant du pain le dimanche, et donnant même un peu d'argent. Lors des fêtes de Pâques, il y a une procession dans laquelle sont tenus de figurer tous les indigents qui veulent participer aux distributions générales.

Passons maintenant aux édifices profanes. Une forteresse élevée en l'an 64, sur la colline de Saint-Sébastien, fut détruite en 85, comme tu en peux voir le détail dans Claude de Rubys.

Pierre-Encise.

Il reste aujourd'hui trois forts célèbres : 1° Pierre-Encise, sur la rive droite de la Saône, occupe le sommet d'une roche. On y monte par cent vingt marches. Les archevêques le firent vraisemblablement construire pour se mettre à l'abri de la fureur du peuple. Il a été illustré par la captivité de Louis et d'Ascagne Sforza et par celle du duc de Namur ; 2° le *Boulevard Saint-Jean,* forteresse située vis-à-vis, sur l'autre berge du fleuve ; il repose également sur un rocher, mais la pente de celui-ci est moins raide ; 3° la *forteresse de Saint-Clair*, baignée par le Rhône, est moins importante que cette dernière. Toutes les deux sont reliées par de solides remparts.

L'Hôtel-de-Ville, qu'on croit avoir été autrefois le palais des archevêques, renferme les deux fameuses tables d'airain reproduisant le discours prononcé par l'empereur Claude devant le sénat. Consulte à ce sujet les historiens de la ville.

Le palais de justice est situé sur la Saône. L'arsenal, appelé ordinairement *la Rigaudière*, est bien pourvu d'armes ; on en a refait l'enceinte depuis quelques années. Un jardin en occupe la plus grande partie.

A peu de distance se trouvent les nouvelles murailles élevées il y a cinq ans au point où la ville n'était fermée autrefois que par les eaux réunies des deux fleuves. Ceux qui sortent par la porte d'Aisnay, voient à gauche une inscription française composée à cette occasion. Il y a aussi des vers latins gravés sur la porte même.

L'*Antiquaille*, située dans un carrefour de Fourvières, est une maison où l'on trouve quelques inscriptions antiques et des voûtes souterraines, qui semblent donner de l'importance à ce lieu. On prétend que c'est là que se trouvait le palais de Sévère. D'autres placent celui-ci plus haut, dans un endroit où l'on voit de grandes ruines et qui, d'après Paradin, portent dans les anciennes chartes le nom de château de Bussy.

Dans le voisinage subsistent les débris d'un autre édifice qu'on veut avoir été le palais de l'empereur Claude, et où le vulgaire croit qu'il y a des trésors cachés.

En descendant vers le faubourg de Saint-Just, tu traverseras une place sur laquelle on rapporte que des milliers de martyrs ont été occis. Une croix qui s'y élève, s'appelle *la croix décollée.* Devant la porte de Saint-Just, il y a une pierre très-grande et extrêmement lourde que tu peux remuer néanmoins en la touchant du bout du doigt, car elle est en équilibre. Tu n'es pas loin maintenant de la porte nommée autrefois : porte de Trifons. Elle tirait son nom de ce que des conduites d'eaux amenées du voisinage, se partageaient ici en trois branches pour alimenter plus commodément la ville. Cette étymologie n'est pas sûre cependant. Le peuple appelle aujourd'hui cette porte : *la porte de Trions.* Prends garde de voir dans ce nom une allusion aux triomphes de quelque César, comme on veut parfois le faire ridiculement.

Près du faubourg de Saint-Just, tu verras dans une vigne des voûtes souterraines construites certainement pour recevoir les eaux amenées par ces conduites. A gauche de l'entrée existent des ouvertures par lesquelles l'eau s'échappait des tubes.

Il y a sur cette colline des vignes, des jardins, des champs, des prés, des propriétés encloses. Mais nous sommes restés assez longtemps ici, descendons.

Non loin de la porte de Vaize, on aperçoit un tombeau antique, d'un travail assez remarquable, quoique les années l'aient beaucoup altéré. Le vulgaire l'appelle le *tombeau des deux amants* et raconte qu'Hérode et Hérodiade, après avoir erré longtemps en exil, se rencontrèrent ici par hasard et moururent de joie en s'apercevant. D'autres, arrangeant l'histoire d'une manière moins invraisemblable, se contentent de raconter que les deux amants furent réunis dans ce sépulcre après leur mort. Tous ces récits sont également faux; car comment supposer que des criminels de lèse-majesté, dont la mémoire même était condamnée, aient pu avoir les honneurs de la sépulture dans cette colonie romaine où résidaient les préfets des empereurs et quelquefois les empereurs eux-mêmes ? Nous acceptons plutôt l'opinion de Claude de Rubys, qui croit que par cette expression: les deux amants, il faut entendre deux époux chrétiens, voués à la chasteté, bien qu'ils vécussent en commun; il était d'usage, lorsqu'un pareil fait avait lieu, d'écrire sur la tombe : *duo amantes*, comme le témoigne un passage de Grégoire de Tours, dans le premier livre de son *Histoire des Francs*.

Va examiner les travaux qu'on a faits au port de la Saône, sur la rive gauche de ce fleuve. Ce lieu était fangeux autrefois ; aujourd'hui il est pavé et on l'a muni de degrés extrêmement commodes pour approcher de la rivière ou pour remonter la berge. Tu verras là sur un bloc de pierre une inscription consacrée à Henri IV; elle porte la date de 1609.

Le pont sur lequel on passe le Rhône est d'une longueur considérable. Je me souviens d'y avoir fait plus de huit cents pas. Il a dix-neuf arches; une croix qui le surmonte indique les limites du Dauphiné et du Lyonnais. On y voit aussi une tour sur laquelle est placée une sentinelle, et qui est munie d'une couleuvrine.

Les Brotteaux.

Quand tu seras sur ce pont, regarde l'île qui est à tes pieds ; on l'appelle les Brotteaux. Elle est remplie d'arbres, et lorsque la belle saison recommence, de nombreux promeneurs viennent y passer le temps, et dîner dans les bosquets. On raconte que ce pont fut construit par saint Bénézet, qui éleva celui d'Avignon d'une manière si miraculeuse.

Il paraît qu'avant lui il y avait déjà un pont sur le fleuve, car l'historien Zosime s'exprime formellement à ce sujet ; mais ce pont était de bois, d'après Claude de Rubys.

On croit que le pont de la Saône fut construit vers 1050, par l'archevêque Humbert. Il a neuf arches. Il y a à cet endroit des roches dans le lit du fleuve, qui contribuent à donner de la solidité aux piles. En été, tu pourras voir de là une infinité de femmes qui viennent laver le linge à la Saône.

Lyon a six portes : les portes du Rhône, de Saint-Sébastien, de Vaize, de Saint-Just, de Saint-Georges, et d'Aisnay. La dernière ne conduit qu'au confluent du Rhône et de la Saône.

La ville a un grand nombre de places. La plus vaste est située près du pont du Rhône, et s'appelle *place Bellecour*. Elle est d'un aspect très-agréable, couverte de gazon, et fourmille de promeneurs dans les beaux jours. C'est surtout le soir, quand il y a quelque fête, qu'elle se remplit de flaneurs, de joueurs, de danseurs. En face s'élève la colline de Fourvières et tu vois se dérouler sous tes yeux les maisons, les vignes, les jardins ; ici de larges prés, là des habitations isolées, ici encore des arceaux destinés à soutenir des terres entamées. Apelles lui-même ne pourrait peindre un tableau plus varié. Il y a sur cette place un jeu de paume de grande dimension. Elle renferme aussi les écuries du gouverneur. Elle est si vaste que plusieurs milliers d'hommes y peuvent être passés en revue.

Non loin se trouve la place de Confort, ainsi nommée de l'église voisine ; c'était autrefois un cimetière. Dans le milieu s'élève une pyramide triangulaire érigée en l'honneur d'Henri IV, et portant une inscription en lettres d'or.

Parmi les autres places il faut nommer : 1° Celle des Terreaux ; 2° des Cordeliers ; 3° de Saint-Nizier, où est le marché aux légumes; 4° de Saint-Pierre ; 5° de la Grenette ; 6° du Change, où les marchands se réunissent tous les jours; 7° de la Douane; 8° de la Roche; 9° de Saint-Jean.

La Guillotière.

Lyon a quatre faubourgs. Au-delà du Rhône se trouve celui de la Guillotière, nom que Claude de Rubys prétend ramener à *l'hostière de Gui*, comme pour dire *l'hôtellerie du Gui*. On sait quel rôle jouait cette plante chez les anciens Gaulois. Ils célébraient des fêtes dans lesquelles ils la faisaient figurer, et aujourd'hui encore les pauvres qui vont demander des étrennes en chantant, emploient cette expression: *Au gui l'an neuf.* On trouve dans le faubourg de la Guillotière un grand nombre d'auberges et de cabarets, qui ont presque tous des jardinets et des vergers, remplis de buveurs dans la belle saison.

Un autre faubourg, *la Croix-Rousse*, commence à la porte de Saint-Sébastien ; celui de Vaize est environné de murailles, ainsi que celui de Saint-Just.

Les principaux titres de gloire de cette ville sont d'avoir servi de résidence aux plus illustres enfants de l'Eglise, d'avoir possédé sous les empereurs païens une célèbre école de littérature, et plus tard une université où l'on étudiait la jurisprudence. Elle est aujourd'hui le siége d'un présidial, et a acquis une importance commerciale considérable ; mais pour qu'on ne m'accuse pas de passer sous silence le point qui intéresse le plus les lettrés, je dirai qu'on imprime ici une infinité de livres, qui se répandent ensuite dans toutes les parties du monde civilisé, et sont même jetés en grand nombre dans les deux Indes : ce qui n'est pas un gain médiocre pour les libraires et tourne aussi à l'avantage des amateurs des lettres. Il y a plusieurs siècles déjà que ce commerce fructifie à Lyon ; il existait dans l'antiquité même, car au IXme livre de ses épitres, Pline-le-Jeune s'exprime ainsi : « Je ne pensais pas rencontrer de libraires dans cette ville. »

Les foires qui se tenaient ici étaient déjà renommées sous les empereurs païens, témoin une lettre écrite par des chrétiens se plaignant de la persécution, et conservée dans Eusèbe. Plus récemment Charles VII en concéda deux à la ville, et Louis XI lui en accorda quatre : la première avait coutume d'être après la fête des Trois-Rois ; la seconde, après Pâques ; la troisième, au mois d'août ; la quatrième, après la Toussaint. Sous Charles IX, deux de ces foires furent transportées à Bourges, et deux autres supprimées ; le même roi les rendit cependant toutes les quatre à la ville de Lyon un peu plus tard.

Confréries lyonnaises.

Les confréries célèbrent leurs fêtes tous les ans, à des jours fixes. Elles portent à l'église de grands pains de couleur safranée, arrondis en forme de gâteaux, et placés sur un appareil décoré de divers ornements ; en tête du cortége marchent des joueurs de flûte et de violon. Ces pains sont bénis par le prêtre, ainsi que d'autres plus petits apportés par chaque individu en particulier, et lorsqu'on est de retour à la maison, on les distribue tous par fragments.

Le lundi de Pâques, si toutefois tu es à Lyon à cette époque, souviens-toi de te rendre à l'île Barbe, comme je te l'ai dit plus haut.

On célèbre aussi avec une grande solennité la Fête-Dieu, et ce jour là on tend de précieuses tapisseries dans toutes les rues où la procession doit passer.

Il faut voir aussi la procession des pauvres, qui se fait au temps des fêtes pascales : elle est composée des magistrats, des échevins de la ville, des quatre ordres mendiants, et d'une longue file de pauvres et d'orphelins.

Enfin, le premier dimanche d'août, la confrérie de Saint-Jacques fait aussi sa procession solennelle, où l'on voit figurer, dans leur costume traditionnel, les douze apôtres, les trois rois, et notre Sauveur monté sur une ânesse.

Hors de la ville, il y a plusieurs endroits à visiter. D'abord une maison appelée *la Duchère*, située près de la Saône, sur une charmante colline. Tout près est une autre habitation nommée *la Claire*, à laquelle un jardin élégant est contigu. On voit dans cette dernière une fontaine avec un distique latin que j'avoue ne pas comprendre (1).

(1) Voici ce distique tel qu'il est donné par Jodocus :

Dans les environs se trouve une maison de campagne appartenant à un marchand et appelée *la Gorge du loup*. On y voit plusieurs jets d'eau, l'un desquels est formé d'une tête de Méduse qui rejette l'eau par cinq tuyaux différents.

En faisant environ deux lieues, tu pourras visiter des arceaux d'aqueducs. Avant d'y arriver, il te faudra traverser près du bourg de Saint-Genis, le beau jardin de M. de Beauregard.

Je ne demanderais pas mieux que de te voir passer l'hiver à Lyon; mais la capitale te réclame. Rends-toi donc à Paris, connaissant maintenant la langue française, et en état de converser avec ceux qui te rendront plus habile avant que tu retournes chez toi.

Le chemin direct est de traverser le Forez, le Bourbonnais, la Charité-sur-Loire, Gien, Montargis et d'autres lieux que tu connais déjà. Il vaudrait donc mieux passer par des endroits différents, surtout si, comme je te l'avais conseillé, tu as loué à Poitiers des chevaux dont tu puisses te servir jusqu'à Paris, ou si tu voyages avec une monture qui t'appartienne. Pour moi, comme je n'ai pas vu les endroits dont je vais te parler, tu m'excuseras si j'emploie les paroles de Mérula.

Hanc ornans clara clarum clarissimus unda
Clara fuit clarus quo sua clara forent.

Autun.

Prends tes mesures pour parvenir, par le chemin le plus commode possible, dans la ville d'Autun, nommée autrefois Edua, des peuples qui l'habitaient. Après les conquêtes de César, elle fut restaurée ou bâtie sous le nom d'Augustodunum, d'où lui vient son appellation moderne. Cette ville fut jadis très importante; mais elle n'a plus aujourd'hui que de faibles vestiges de son ancienne gloire. Néanmoins on y voit encore une belle église, celle de Saint-Nazaire. Paradin s'exprime ainsi au sujet de cette cité: « Au nord, non loin de l'Arroux, se trouvait un temple de Proserpine et de Pluton, où les augures, les aruspices, les astrologues prédisaient l'avenir ; on croit retrouver les ruines de ce temple dans une vieille tour placée contre une porte de la ville, et appelée *Genethoyez*.» D'après sa structure, d'après surtout le nom qu'elle porte plus habituellement, la Janitoye, il faut y voir un temple de Janus. Mais continuons de suivre Paradin : « Du côté de l'orient est la colline de Philosie, sur laquelle les Eduens avaient élevé un temple à l'Amour; tout auprès se trouvaient les grottes de Vénus, habitées par des courtisanes. On voit aussi de grandes ruines d'un théâtre dans le lieu où il y avait une source d'huile sacrée, au pied des anciennes murailles.

Dans la partie supérieure de la ville était un capitole dont il ne reste plus que le nom. La rue de Fresne contenait un temple d'Apollon. Bref, on trouve à chaque pas des ruines de statues, de colonnes, d'aqueducs, de pyramides, de théâtres, de voûtes et d'autres monuments anciens. On retire aussi de la terre, chaque année, pour ainsi dire, des vases pleins de médailles d'or et d'argent. »

Voilà ce que dit Paradin de cette ville ; je voudrais pouvoir ajouter à cette description quelque chose de mon crû ; mais, n'ayant pas vu Autun, je ne le puis. Il y eut autrefois ici une école célèbre. Consulte le panégyrique d'Eumène, professeur d'éloquence, qui se consacra tout entier à restaurer les études dans l'école d'Autun. Au rapport de Tacite, les jeunes gens des plus nobles familles des Gaules venaient étudier dans cette ville. Toute la nation des Eduens s'unit aux Romains par un lien fraternel, et reçut en retour le droit de posséder un sénat.

Cette cité est-elle identique avec l'ancienne Bibracte, dont César fait une mention si fréquente ? Les érudits ont discuté ce point, sans pouvoir s'entendre.

Auxerre.

D'Autun il faut te rendre à Auxerre, ville ancienne, qui possède un évêché. La contrée environnante s'appelle le pays d'Auxerrois. Située au milieu d'abondants vignobles, elle offre un vin excellent à des régions fort éloignées d'elle. Cette ville est à peu près placée comme Stuttgardt, en Wurtemberg.

Sens.

D'Auxerre tu gagneras Sens, siége d'un archevêché. Dans le dernier siècle, il y arriva un événement miraculeux. Une femme enceinte, affligée de douleurs très-violentes, et crue voisine de sa délivrance, garda le lit pendant trois ans, sans mettre aucun enfant au jour, et resta tout le temps de sa vie languissante et malade, à cause de ce fardeau qu'elle conserva pendant vingt-huit ans. Lorsqu'elle vint à mourir, son mari la fit ouvrir, et on trouva dans ses entrailles un enfant de pierre. J'ai entendu dire qu'on pouvait encore voir ce prodige. Pasquier raconte ce fait tout au long dans ses *Recherches de la France*.

Montereau.

De Sens, il faut te rendre à Montereau, ville située au confluent de la Seine et de l'Yonne. Au milieu des deux fleuves se trouve un château qui servait autrefois de lieu de plaisance aux monarques. La ville elle-même occupe la rive gauche de la Seine, et se trouve, par conséquent, dans le Gâtinais : le faubourg de Saint-

Nicolas est sur la rive droite et en Brie. C'est sur le pont de cette ville que Jean, duc de Bourgogne, fut tué d'un coup d'épée qui lui ouvrit le crâne, par les gens de la suite du Dauphin, parce qu'il avait fait assassiner le duc d'Orléans à Paris. Aux Chartreux de Dijon, on montre son crâne percé d'une large ouverture. Un moine fit un jour une réponse assez fine au roi François Ier, qui demandait pourquoi cette blessure était si grande : C'est, dit le religieux, à cause de la quantité innombrable d'Anglais qui sont entrés par là en France. En effet, Philippe, fils du duc assassiné, fit alliance avec les Anglais pour venger la mort de son père, et les appela sur le continent.

De là, incline un peu vers la gauche pour revoir cette merveille, qu'il faut visiter deux et trois fois, le château de Fontainebleau.

Fontainebleau.

J'ai pu à peine consacrer une heure, avec mes compagnons, à admirer cette résidence royale. Pardonne-moi donc si je la dépeins imparfaitement ou d'une manière incomplète. Son nom ainsi que celui de la ville voisine, qui n'est pas encore entourée de murs, lui vient de la belle eau de certaines sources. Elle se trouve au milieu des bois et des roches sur un terrain sablonneux : le gibier de tout genre y abonde, et l'air y est très-sain. Il y avait un ancien château dans ce lieu, que saint Louis appelait son désert et sa solitude ; mais ce fut sous François Ier que l'on construisit la magnifique maison royale, si célèbre aujourd'hui.

Elle abonde en salles, en chambres, en galeries également splendides. Dans l'une de ces dernières tu verras une inscription latine relative à la reprise du Hâvre, dont la reine d'Angleterre Elisabeth s'était emparée, mais que les Français recouvrèrent au bout de quelques jours de siége, en 1563.

A l'extrémité de cette galerie, on a peint au-dessus d'une cheminée le siége et la reprise d'Amiens.

Au milieu de la galerie de François Ier, tu remarqueras l'endroit où il y eut un colloque entre Mornay et le cardinal Duperron. De cette galerie tu passes dans une autre, ornée de figures de marbre.

La galerie des Cerfs contient des peintures représentant les principaux châteaux royaux, avec les bois qui les environnent : Saint-Germain, Monceaux, Amboise, Madrid, Chambord, Villerscotterets, etc. Il y a également des peintures très-élégantes dans la galerie de la reine ; on remarque celles qui représentent les victoires d'Henri IV. De là on a vue sur la volière.

Celle-ci a la forme d'une galerie ; au milieu s'élève une tour ronde. Elle est faite, comme les cages d'oiseaux, d'un treillis de métal extrêmement fin ; de sorte qu'elle reçoit la lumière et l'air de tous côtés sans permettre aux captifs de s'échapper. On y a disposé des bosquets et des buissons dans lesquels les oiseaux font leurs nids. Elle renferme de plus une fontaine qui se divise en une foule de petits ruisseaux; celle-ci est entourée de vignes et de rosiers au-dessus desquels on a écrit ces mots latins: « Henry IV, par la grâce de Dieu, roi de France. » On a peint de chaque côté une couple d'anges ; ceux de droite portent une couronne et une corbeille de roses. On lit sur leur tête ce distique en latin : « Autant le roi victorieux a soumis de peuples, autant cette prison royale retient d'oiseaux. »

Ceux de gauche tiennent une couronne et un perroquet. L'inscription suivante les accompagne : « Celui qui a fermé le temple de Janus retient ici les oiseaux captifs, afin qu'ils chantent éternellement sa gloire. »

Tu verras ici toutes sortes d'oiseaux, remuant, voletant, frétillant et remplissant les oreilles d'une harmonie si délicieuse, que, frappé d'étonnement, tu ne saurais plus dire où tu es, ni ce que tu entends.

Les salles les plus remarquables du château sont les suivantes : 1° *Salle de la Garde*, ornée de tapisseries élégantes peintes à la main, représentant les combats de Charles VII et ses victoires sur les Anglais ; 2° *Salle des Festins*, destinée autrefois, comme son nom l'indique, à la célébration des banquets. Tu verras ici une cheminée admirablement construite, et une statue d'Henri IV, en marbre blanc, estimée dix-huit mille couronnes. Au-dessous on lit une inscription qui fait l'éloge du monarque. A droite se trouve la Clémence, à gauche la Paix, toutes deux de marbre blanc. On trouve dans le même lieu des colonnes de marbre bigarrées, et deux lions de bronze, avec deux couronnes et des armes de toutes sortes. Au-dessous de cette grande statue du roi, tu remarqueras un bas-relief où le monarque est représenté à cheval, habillé à la romaine, et foulant ses ennemis sous ses pieds ; 3° *Salle des Bals*, au plafond de laquelle on voit la devise d'Henri II.

On te conduira dans plusieurs appartements royaux, *la chambre et antichambre du roy*, *le cabinet du roy*, *la chambre et l'antichambre de la royne* (dans laquelle est né Louis XIII), *la chambre du conseil*, *celle de Monsieur le Dauphin*, *la chambre neufve*, où tu verras un portrait de la reine vêtue en Diane, et les travaux d'Hercule peints sur les murs.

La chapelle, le jeu de paume, l'horloge, les étuves, les cuisines méritent aussi l'attention.

Le château a quelques grandes cours dont

voici les noms : *la cour de la fontaine*, dans laquelle on voit une fontaine élégante, supportant une statue de Mercure et celles de deux hommes nus ; *la cour des officiers* ; *le donjon*, où le roi actuel, alors dauphin, fut baptisé, et où l'on voit une horloge astrologique; *la basse-cour*, dans le milieu de laquelle s'élève un cheval de plâtre, masse énorme qu'on admire à cause de la justesse de ses proportions.

Je ne saurais te dépeindre, avec le charme qu'ils font éprouver, les jardins et les vergers attenants au château : *le jardin du roy, de la royne, de la fontaine, des pins, des estangs*, dans lesquels on voit des statues, et des promenades diverses. Hors du château, se trouve un autre jardin rempli d'arbres fruitiers, dans le bassin duquel nous avons vu deux petites galères, et, à l'extrémité, une couple d'autruches et toutes sortes de canards et d'oies sauvages.

Melun.

De Fontainebleau tu te rendras à Melun, capitale du Hurepois. Autrefois elle se trouvait, comme Lutèce, dans une des îles de la Seine; aujourd'hui elle a débordé sur les deux rives à l'instar de Paris. Cette circonstance a donné lieu à la fable suivante : Melun s'appelait dans l'origine *Isis*, et comme Lutèce occupait une position semblable à la sienne, on surnomma cette seconde cité: *Par Isis*. Au-dessus d'une des portes de Melun on voit les armes de France et celle des Médicis, avec une devise latine faisant allusion au nom de la ville. Cette dernière ne doit pas sa force à la nature du lieu, mais aux travaux d'art qu'on y a exécutés.

Corbeil.

De cette cité tu te rends à Corbeil, ville située sur le bord de la Seine et arrosée par l'Essonne.

Charenton.

Tu traverseras ensuite la Marne à Charenton, où l'on trouve un écho qui répète la voix treize fois de suite ; je l'ai essayé ; mais il m'a répondu onze fois seulement.

Conflans.

Près de là est un autre bourg, nommé Conflans, où la Marne se réunit à la Seine. Le seigneur de Villeroi y possède une maison de campagne, que tu pourras visiter pour te distraire, avant d'entrer dans Paris.

Te voici revenu, au commencement de l'hiver, dans la capitale du royaume. Tu y passeras toute la saison froide ; mais il faut utiliser ton temps de telle sorte qu'on ne t'accuse pas d'avoir séjourné ici inutilement.

Ce serait maintenant le lieu de te donner une description de Paris, et j'aimerais à le faire. Cependant ma plume tremblante n'ose entreprendre une si grande tâche. Pour suppléer à mon impuissance, je mettrai sous tes yeux la courte description qu'a faite de Paris, un homme illustre, Paul Mérula.

Paris.

Paris, nommé autrefois Lutèce, est la capitale de l'Ile de France et de toute la France. Il se trouvait jadis au milieu d'un territoire qu'on appelait le Parisis, et qui s'étendait depuis la porte dite de Paris jusqu'à Pontoise et de là jusqu'à Claye, vers la Brie. Ce nom a disparu aujourd'hui; mais le souvenir s'en est conservé soit dans quelques arrêts du parlement de Paris, soit dans l'expression *sous et deniers Parisis*, soit dans l'habitude qu'on a d'ajouter les mots: *en Parisis*, aux noms des villages de Louvres, de Cormeilles et d'Ecouen. Nous voyons, par les auteurs anciens, quels furent les maigres commencements de cette ville; mais comme on y affluait de toutes parts, et que les bourgs environnants y furent joints, elle a fini par devenir la plus grande cité de France. On la divise en trois parties, dont la plus vaste située sur la rive droite du fleuve, s'étend vers le levant et le nord et s'appelle *la ville*; la seconde, placée sur la rive gauche, vers le sud et le couchant, renferme dans son sein quelques élévations et se nomme l'*Université*; entr'elles deux, dans l'île formée par la Seine, se trouve *la Cité*, qui communique avec la rive droite par trois ponts, et par deux seulement avec le pays latin. *La ville* a la forme d'une demi-lune; elle est entourée d'un côté par la Seine, de l'autre par un mur fortifié, muni de fossés, qui s'étend en forme d'hémicycle. Sept portes y donnent acccès : la porte Saint-Antoine, du Temple, Saint-Martin, Saint-Denis, Montmartre, Saint-Honoré et la porte Neuve. Elle a cinq faubourgs : celui du Temple, Saint-Martin, Saint-Denis, Mont-Martre et Saint-Honoré. Les anciens remparts étaient beaucoup moins étendus qu'aujourd'hui. Commençant au Louvre, ils embrassaient l'église de Saint-Eustache, les hôpitaux de Saint-Jacques et de Saint-Julien, passaient à la chapelle de Braque et au collége de Sainte-Catherine, renfermaient la porte Saint-Antoine et de là venaient mourir, contre la rivière, au monastère de l'*Ave Maria*. A ces remparts en succédèrent d'autres dans lesquels on enferma les faubourgs ; les premiers furent ou rasés ou utilisés pour l'usage des maisons particulières. La cité est défendue en quelque sorte contre la violence du fleuve, par quatre îles de petites dimensions, situées en ligne; ainsi que je l'ai dit, ce fut le germe de Paris, et comme le cœur de la ville, à cause de son palais épiscopal et de celui des rois. Elle paraît avoir eu autrefois quatre portes, correspondant à autant de ponts : celle *du grand Châtelet* ou de Paris, la porte *Supérieure*, au pont Notre-Dame, la porte *Inférieure* ou *porte d'Enfer* au pont au Change, celle du *petit Châtelet*, au Petit-Pont, la quatrième enfin, au pont Saint-Michel. Ces ponts, qui forment comme des aîles, sont les suivants, du côté de la ville : *le pont Notre-Dame*, *le pont au Change*, *le pont aux Meuniers*; du côté de *l'Université* on trouve le *Petit-Pont* et le *pont Saint-Michel*. Le *pont Notre-Dame* et le *Petit-Pont* sont de pierre, les trois autres, de bois. Le plus grand des ponts de pierre est celui de Notre-Dame, qui avait autrefois soixante-dix pas de long et dix-huit de large ; il supportait, de chaque côté, des maisons de briques, toutes de même dimension. Mais, s'étant écroulé sous Louis XII, on le rebâtit en lui donnant six arches de pierre, en le pavant et en le garnissant de soixante-huit maisons toutes semblables, de sorte que beaucoup ignorent s'ils passent sur un pont. Le Petit-Pont fut restauré sous Charles VI, avec les amendes imposées aux juifs. Le *pont Saint-Michel* bâti par Hugues Aubriot, préfet de Paris, sous Charles VI, s'étant écroulé en 1447, fut rebâti peu après et couvert également de maisons de briques. Il y a aujourd'hui un sixième pont entre le château du Louvre et le couvent des Augustins, dont le roi de France Henri

III a posé les fondations le 31 mai 1578. On travaille activement à le finir. La *Cité* fut autrefois entourée de ces remparts qui ceignent encore le Palais de Justice et le château royal; le reste a été abattu. L'Université présente la forme d'un casque comme pour couvrir et orner la tête d'une si grande ville. Elle a sept portes: *Saint-Victor*, *Saint-Marcel*, *Saint-Jacques*, *Saint-Michel*, *Saint-Germain*, *porte de Bussy* et *porte de Nelle*. Ses faubourgs sont au nombre de cinq : Saint-Germain, Saint-Michel, Saint-Jacques, Saint-Marcel, Saint-Victor. Cette partie de la ville est également entourée de remparts; mais les fossés sont à sec à cause de la nature du lieu.

Essayons d'énumérer rapidement sans être obscur, ce qu'un étranger doit savoir. L'évêque de Paris gouverne toutes les affaires spirituelles. Il y en a eu jusqu'à présent cent sept, desquels j'ai connu le dernier, nommé Pierre de Gondi. La ville obéit au roi ; mais elle a pourtant une certaine juridiction particulière. Charles V concéda le même droit aux faubourgs, en 1571. Le roi Philippe Ier accorda des échevins à la ville en 1090, et lui donna pour armes un navire et un semé de fleurs de lis d'or. D'après une charte de Charles V, datée de l'année 1571, tous les bourgeois de Paris sont nobles.

Eglises de Paris.

J'ai compté à Paris soixante-douze églises : la plus remarquable est Notre-Dame, dont les fondations furent placées par Philippe-Auguste, en 1191, pendant que Maurice était évêque de Paris, et qu'on commença à pousser activement en 1257, sous le règne de saint Louis. Elle est soutenue par cent vingt colonnes. Sa longueur est de cent soixante-quatorze pas, sa largeur de soixante, sa hauteur de cent ; tout autour du chœur sont des bas-reliefs de pierre représentant des sujets tirés de l'ancien et du nouveau Testament. Elle renferme quarante-cinq chapelles, fermées par des grilles, et possède onze portes, dont les trois qui occupent la façade sont à deux battants et remarquables par les statues de vingt-huit rois. De chaque côté s'élèvent des tours géantes, de trente-quatre coudées. La grosse cloche, qui tire son nom de la Vierge, ne peut être mise en branle que par vingt sonneurs ; elle se fait entendre jusqu'à sept lieues lorsque le temps est serein.

Il y a une douzaine de chapelles à Paris ; la principale est la *Sainte-Chapelle*, construite par saint Louis, dans le palais des rois ; c'est un monument audacieux, car il s'appuie sur une chapelle voûtée et ne repose que sur des colonnes latérales. On dit que la porte basse présente la véritable image de la Vierge, et la porte supérieure celle du Christ. On conserve dans ce lieu, d'après le témoignage des prêtres, la couronne d'épines, la robe de pourpre, le roseau, l'éponge, le suaire et la nappe de la dernière cène, précieuses reliques qui, engagées à Venise par Baudouin, empereur de Constantinople, furent rachetées par les Français.

On compte à Paris vingt-quatre monastères, si ma mémoire est fidèle : celui des Templiers, d'une étendue énorme et presque aussi grand qu'une ville, fut assigné en 1309 aux hospitaliers de Saint-Jean. Près de la porte Saint-Denis se trouve le monastère des Filles-Dieu, qui ont coutume d'apporter aux condamnés qu'on mène au supplice, trois morceaux de pain et du vin. Le couvent de Saint-Victor, bâti par Louis-le-Gros, en 1113, pour les chanoines réguliers de Saint-Augustin, fut réparé sous François Ier. L'église de Saint-Pierre et Saint-Paul, élevée par Clovis, en 499, sur les instances de sainte Geneviève, qui y fut ensevelie en 521, fut habitée d'abord par des chanoines séculiers, auxquels Louis-le-Gros en substitua de réguliers. La tour de cet édifice fut détruite par la foudre, en 1483. Saint-Germain-des-Prés est un monastère de Bénédictins construit par Childebert II, en l'honneur de saint Vincent; mais il prit le nom de saint Germain, évêque de Paris, lorsque ce prélat y eut été enseveli. C'est un des monastères les plus riches de France, qui jouit de priviléges particuliers, et qui est entouré de murs.

Colléges.

On compte à Paris vingt colléges publics et trente colléges privés. Celui que l'on remarque le plus est le collége de Navarre, fondé par Jeanne de Navarre, femme de Philippe-le-Bel. Le collége de Sorbonne, fut institué par le théologien Robert de Sorbon, chapelain de saint Louis. Le collége des Bernardins dut sa première origine au pape Benoit XII ; le cardinal Guillaume de Toulouse le dota d'une bibliothèque et de seize bourses destinées à des élèves en théologie.

Les arts mécaniques ont dans cette ville leur place fixe ; ainsi les parcheminiers sont logés contre le pont Saint-Michel ; les teinturiers, près de Saint-Jean en Grève ; les monnayeurs, près du Louvre, où il y a une machine à frapper monnaie, établie sur pilotis. Une fabrique de canons se trouve aux Célestins.

Parmi les rues, qui sont au nombre de plus de quatre cents, tu distingueras, dans *la ville*, celles de Saint-Antoine, de Saint-Martin, de Saint-Denis, de Saint-Honoré, celle du Temple ; dans *l'Université*, celles de Saint-Victor, de Saint-Marcel, de Saint-Jacques, de Saint-Germain, etc. Les maisons de Paris, tant publiques que particulières, s'élèvent, d'après l'énumération faite en 1549, au nombre de dix mille, sans compter ni les colléges, ni les églises, ni les couvents, ni les habitations des faubourgs. On distingue principalement : la maison royale, voisine du Palais-de-Justice, les hôtels de Nelle, de Flandre, d'Artois, d'Orléans, d'Albret, de Lorraine, de Nevers, d'Alençon, de Sens, de Reims, de Lyon, de Fécamp, de Beauvais, de Rouen, de Bourges, de Savoie, de Clermont, de Châlons, de Saint-Paul, et d'autres encore. Le palais des Thermes, situé près de Saint-Mathurin, fut bâti, dit-on, par Jules César. On y voit une salle voûtée à laquelle un jardin est contigu. On croit qu'il tire son nom des thermes de Julien-l'Apostat, les eaux étant amenées là d'un bourg voisin nommé Gentilly. L'Hôtel-de-Ville commença à être reconstruit en entier sous François Ier, en 1555.

Que dirai-je des citadelles ? On prétend que le grand Châtelet fut élevé par Jules César ; je croirais plutôt que c'est par le César Julien, qui résida quelque temps à Paris, dont il fait l'éloge dans son discours intitulé : *Misopogon*. On soutient aussi que la première porte de Paris se trouvait là. Le petit Châtelet fut réparé sous Charles VI, pour remédier aux déprédations nocturnes des écoliers.

La Bastille commença à s'élever en 1569, sous le règne de Charles V ; c'est Hugues Aubriot qui la fit construire aux frais du roi : plus tard, il y fut renfermé comme soupçonné d'hérésie. On doit à Charles V la Tournelle, le château de Saint-Germain-en-Laye, le Louvre; ce dernier fut augmenté par François Ier, et achevé par Henri II, en 1558.

Les tours méritent qu'on les mentionne. Celle du Louvre était d'une grande hauteur ; mais François Ier la fit démolir pour augmenter la cour du château. On croit que celle du cimetière des Innocents était destinée à intimider les brigands, à l'époque où les lieux voisins étaient encore déserts et peu sûrs. La tour de Billy, pleine de poudre à canon, ayant été atteinte par la foudre en 1538, causa les plus grands dommages aux églises et aux couvents des Célestins, de Saint-Paul, de Saint-Gervais, de Saint-Victor, de Saint-Marcel.

Je n'énumèrerai pas les hôpitaux, les maisons de retraite pour les pauvres, celles où l'on recueille les orphelins. Je mentionnerai seulement l'hospice des trois cents aveugles, fondé par saint Louis pour recueillir les chrétiens que la cruauté des Sarrasins avait privés de la vue.

Montfaucon.

De même qu'il y a dans la ville plusieurs places entre lesquelles on remarque celles de Grève, du Temple, du Louvre, Maubert, il y a aussi plusieurs lieux d'exécution destinés au supplice des malfaiteurs, dont les cadavres sont portés ensuite à Montfaucon, localité située hors de Paris, près de la porte Saint-Martin. Montfaucon fut restauré par Pierre Remy, trésorier et intendant du royaume sous Charles-le-Bel ; ce même personnage, accusé de concussion, y fut pendu sous Philippe-de-Valois.

Tombeaux.

Le cimetière des Innocents, qui fut entouré de murailles sous Philippe-Auguste, est remarquable par le nombre de ses tombeaux et par ses squelettes ; on dit que les cadavres y sont consumés dans l'espace de neuf jours. Quant aux sépulcres particuliers, à ceux des rois, des princes, des ducs, des comtes, des nobles des deux sexes, qui se trouvent dans cette ville, cherches-en l'énumération dans *les Antiquités de Paris*, excellent livre de Gilles Corrozet. Citons ceux qu'on regarde avec le plus de vénération et de curiosité: celui de Pierre Lombard, au faubourg Saint-Marcel ; celui de l'historien Robert Ceneau, évêque d'Avranches, à Saint-Paul, où est enterré aussi l'historien Nicolas Gilles, secrétaire de Louis XII; celui de Pierre Berchoire, qui a traduit Tite-Live en français et écrit plusieurs ouvrages latins, à Saint-Leu; ceux de Pierre Comestor, d'Hugues Richard et d'Ada de Saint-Victor, à Saint-Victor ; de Gilles de Rome, grand philosophe et archevêque de Bourges, et celui de l'historien Philippe de Comines, aux Augustins ; ceux de Robert

Gaguin, de Jean de Sacrobosco, et du jurisconsulte François Baudouin, à Saint-Mathurin; celui de Paul-Emile de Vérone, à Notre-Dame; celui de Côme Guymier, qui a écrit un commentaire sur la Pragmatique-Sanction, dans le cimetière des Innocents; celui de Budé, aux Mathurins; de Ravisius Textor, dans la chapelle du collége de Navarre; ceux des présidents Christophe de Thou et Pierre Séguier, à Saint-André-des-Arts; celui du théologien et poète latin Claude d'Espence, à Saint-Côme.

J'ai goûté plus de seize fontaines publiques, parmi lesquelles j'ai admiré celle des Innocents et celle du couvent de Saint-Martin. J'ai remarqué aussi diverses statues, celles de tous les monarques de France, dans le palais du roi; celle de Charlemagne à Saint-Marcel; celle de Philippe de Valois à Notre-Dame, où l'on voit aussi une statue gigantesque de saint Christophe, érigée en 1415, par Antoine d'Essars. Il s'y trouve encore une statuette de Pierre Cugnières, placée dans un angle, près du chœur, contre l'autel de la Vierge. On prétend qu'elle fut mise là par mépris, ce personnage ayant cherché à soumettre au fisc les biens ecclésiastiques.

Bibliothèques.

Parmi les bibliothèques publiques, on distingue celle du Roi et celle de Saint-Victor. Les bibliothèques particulières les plus importantes sont celles de Claude Dupuy, des frères Pithou, de Nicolas Lefèvre, de Barnabé Brisson, remplies toutes de manuscrits et de livres excellents et fort rares.

En voilà assez pour une seule cité. Ceux qui voudront en savoir davantage pourront consulter Gilles Corrozet et Jacques Capellus, qui ont écrit des livres spéciaux sur Paris. On a encore un poème sur cette ville par Eustache de Knobbelsdorf, étudiant allemand (1).

(1) Nous avons retrouvé ce poème à la bibliothèque Sainte-Geneviève, où il est compris dans un recueil marqué L. 227. Il se compose de 1358 vers. L'auteur, qui l'écrivait à Paris en 1543, commence par annoncer que le désir de voir la capitale lui a fait quitter l'université de Louvain où il étudiait. L'aspect de la vieille Lutèce le remplit de vénération. Il décrit en vers didactiques la position de la cité, sa figure, le fleuve qui l'arrose, ses murailles, ses ponts, ses édifices ; s'étend sur l'avantage que l'on retire de l'emploi du plâtre, dépeint la physionomie morale de la ville, trace un curieux tableau des religieux qui y fourmillent, et consacre ensuite une centaine de vers à l'histoire de Paris. En parlant de l'université, il énumère les plus illustres professeurs ; mais la partie la plus intéressante de son poème est celle où il représente la France déchirée par les Anglais, invoquant les dieux. Jupiter, touché de sa détresse, suscite Jeanne d'Arc, pour confondre les envahisseurs. Par son ordre, Iris vient trouver la pucelle d'Orléans et l'engage à se revêtir d'une armure à l'imitation de Penthésilée. Jeanne d'Arc obéit à la voix qui l'invite ; elle délivre Orléans, reçoit une blessure en

Celui qui a décrit la capitale avec le plus de soin est François de Belleforêt.

Université de Paris.

L'université de Paris fut fondée, dit-on, vers 774, d'après les conseils de quatre disciples du vénérable Bède : Alcuin, Raban-Maur, Claudius, Jean Scot, et sur le modèle de celle qui existait à Rome, comme nous l'apprennent le cardinal Sabarella et le jurisconsulte Pierre Anchoran. Elle s'appuie sur quatre colonnes inébranlables, je veux dire les quatre facultés de théologie, de droit canonique, de médecine et des arts. Les trois premières sont présidées par un doyen et servies par deux appariteurs ou bedeaux. Un recteur commande le corps entier ; il est choisi par la faculté des arts tous les trois mois, lors d'une fête solennelle : en décembre, à la Nativité du Christ ; en mars, à la fête de la Vierge ; en juin, à celle de saint Jean-Baptiste ; en octobre, à la fête de saint Denis. L'université possède quatre chanceliers, six avocats, des libraires, et d'autres ministres qui jouissent de priviléges particuliers.

De son sein, comme d'une inépuisable fon-

---

assiégeant Paris, est faite prisonnière, et enfin brûlée par les Anglais, sous prétexte d'hérésie. Dans les derniers vers de son élégie, l'auteur annonce que lorsqu'il sera retourné en Prusse, dans sa ville natale, il composera un poëme beaucoup plus étendu en l'honneur de Paris.

taine de science, ont découlé toutes les autres universités de l'Europe, particulièrement celles de l'Allemagne et de la France. Ces dernières, que je classerai par ordre alphabétique, sont les suivantes : Angers, Avignon, Bordeaux, Bourges, Caen, Cahors, Dôle, Lyon, Marseille, Montpellier, Nantes, Nîmes, Orléans, Poitiers, Reims et Toulouse. Du flanc de toutes ces universités, comme de ceux du cheval de Troie, sont sortis une foule de savants, de théologiens, de jurisconsultes, de médecins. La noblesse française elle-même prend part à ce mouvement, et s'occupe des lettres avec tant d'assiduité, qu'elle n'est dépassée dans aucune contrée du monde. On voit ici des hommes de première distinction courbés le jour et la nuit sur des livres ou inclinés devant l'autel des muses. J'en ai connu plus d'un qui pouvait traiter de suite n'importe quel sujet qui lui était indiqué, et, avec une facilité admirable, continuer son improvisation pendant quelques heures.

Voilà ce que dit Mérula. J'ajouterai seulement qu'on voit dans l'église des Célestins un beau sépulcre renfermant le cœur d'Anne de Montmorency, et témoignant de la profonde affection d'Henri II pour le connétable. Il est accompagné de longues inscriptions en latin et en français.

Saint-Germain-en-Laye.

Lorsque tu es à Paris, il ne faut pas négliger de visiter les lieux voisins les plus remarquables. Outre Fontainebleau, que j'ai décrit tout à l'heure, il y a la ville de Saint-Germain-en-Laye, située à cinq lieues. Elle ne manque pas d'une certaine antiquité. Ce fut le roi Charles V qui en commença le château, ou du moins qui le restaura ; mais François Ier, passionné pour la chasse, le fit reconstruire avec plus d'éclat. Cette ville ne fait partie d'aucun diocèse. Elle est contiguë à une forêt de chênes, appelée le *Bois de trahison*. Dans l'angle qui regarde la ville, on m'a montré une grande table de pierre auprès de laquelle on dit que la trahison fut conçue ; je laisse à d'autres le soin d'expliquer en quoi cette dernière consistait, et qui l'exécuta, ne voulant pas m'égarer dans les choses incertaines. On prétend aussi que les branches des arbres de cette forêt jouissent de cette propriété singulière, de couler à fond comme les pierres, au lieu de surnager, si on les jette dans la Seine ; mais je n'ai pas expérimenté le fait.

J'ai encore emprunté à Mérula ce passage. Je dirai en outre que le nouveau château est une construction admirable. J'y ai remarqué six galeries et des grottes dans lesquelles l'eau, amenée par des conduits divers, produit des effets mécaniques étonnants: 1° la grotte d'Orphée, où on voit une statue du poète, tenant une lyre sur laquelle il joue, lorsqu'on fait marcher les eaux. Au son de la lyre, différents animaux s'avancent autour d'Orphée, les arbres s'inclinent, et le roi passe avec le dauphin et toute sa suite; 2° la grotte d'une jeune musicienne qui joue sur l'orgue, par le mécanisme que les eaux mettent en mouvement, et qui lève la tête de temps en temps comme si elle regardait réellement ses auditeurs. A ses côtés, des oiseaux exécutent une mélodie suave. Remarque contre la fenêtre une table de marbre bigarré représentant un gracieux paysage. Au milieu est un tuyau d'où l'eau s'échappe, en courant autour d'obstacles qui la forcent à représenter différentes figures. Contre la muraille intérieure on a placé la statue d'un satyre; 5° grotte de Neptune : lorsqu'on fait marcher les eaux, deux anges sonnent de la trompette, et, à ce bruit, Neptune paraît, armé d'un trident, et traîné dans un char à deux chevaux; après être resté un instant, il s'en retourne, et les trompettes sonnent encore. Tu remarqueras sur la muraille les forges de Vulcain; 4° la grotte de Persée: on voit celui-ci délivrer Andromède et frapper le monstre marin de son glaive.

Entre les deux premières grottes tu en verras une cinquième, celle où un dragon lève la tête en battant des aîles, et vomit tout-à-coup de larges torrents d'eau, pendant que des rossignols factices font entendre des chants harmonieux. Outre ces grottes où les eaux jouent de toute part, il faut voir aussi *la grotte sèche*, qui offre en été une fraîcheur délicieuse ; une fontaine avec une statue de Mercure dans l'une des galeries ; et enfin, dans une des chambres du palais, l'image de la France éplorée qui se laisse choir, et que le roi soulève pour la remettre dans son premier état.

Saint-Cloud.

Lorsque tu viens en ce lieu, tu peux visiter du même coup le château de Madrid, et le bourg de Saint-Cloud, célèbre par l'assassinat d'Henri III. On y voit son tombeau, parmi ceux de plusieurs autres personnages ; au-dessous sont écrits ces vers latins :

« A la mémoire de Henri III, roi de France et de Pologne.

» Arrête-toi, voyageur, et déplore le sort des rois : sous ce marbre est placé le cœur de ce monarque qui donna des lois aux Français et aux Polonais. Un sicaire, couvert de son capuchon, l'a assassiné. Eloigne-toi, voyageur, et déplore le sort des rois »

Saint-Denis.

Tu peux encore visiter dans la même tournée le bourg de Saint-Denis, situé à deux lieues de Paris, et remarquable seulement par sa superbe église dont le roi Dagobert jeta les fondements. L'abbé Suger augmenta considérablement cet édifice en 1141, comme il l'affirme lui-même dans son histoire. On conserve en ce lieu les corps de saint Denis, évêque des Francs, de saint Eleuthère et de saint Rustique, de saint Denis, évêque de Corinthe, dont les annales ecclésiastiques parlent de temps en temps, et de plusieurs autres. J'ai vu ici, parmi beaucoup de curiosités, une grande corne de licorne, de six pieds et demi; un siége de jaspe rougeâtre, qu'on croit avoir appartenu au roi Dagobert; une croix d'or; une lampe d'argent, que Philippe, roi d'Espagne, offrit pour le corps de saint Eugène. On garde dans le trésor de Saint-Denis tous les ornements royaux, le diadème, le sceptre qui servent au monarque lors de son couronnement, et qu'on transporte à Reims lorsqu'il y a un nouveau sacre.

La longueur de l'église est de trois cent quatre-vingt-dix pieds, sa largeur de cent, sa hauteur de quatre-vingts, jusqu'à la voûte intérieure, du moins, car le toit s'élève bien davantage. Elle sert depuis longtemps de sépulture aux rois et aux princes. On a enterré, dans le chœur, vers le midi, outre Dagobert, fondateur du monastère, les personnages suivants : *Louis*, roi, fils de Dagobert ; *Charles-Martel*, roi ; *Pepin*, roi, père de Charlemagne ; *Berthe*, reine, femme de Pepin ; *Carloman*, roi, fils de Louis-le-Bègue ; *Louis*, roi, fils de Louis-le-Bègue. Un peu plus bas se trouvent trois statues d'albâtre posées sur des socles de marbre noir ; elles n'ont pas d'inscription; mais on dit qu'elles représentent *Philippe-le-Hardi*, *Isabelle* d'Aragon, sa femme, et Philippe-le-Bel, leur enfant. Dans le chœur, du côté du nord, on lit : *Carloman*, roi, fils de Pepin ; *Hirmintrude*, reine, femme de Charlemagne ; *Constance*, reine, avec ces mots : *elle vint d'Espagne* ; *Eudes*, roi; *Hugues Capet*, roi ; *Robert*, roi; *Constance*, femme de Robert; *Henry*, roi, fils de Robert ; *Louis-le-Gros*, roi; *Philippe*, roi, fils de Louis-le-Gros. A côté du grand autel, au nord, se trouvent les statues et les noms suivants : *Philippe-le-Long*, avec le cœur de sa femme *Jeanne* ; *Charles-le-Bel*, roi de France et de Navarre, et sa femme *Jeanne* ; *Philippe de Valois*, et son fils *Jean*. A côté de l'autel appelé Matinal, au nord, on voit le sépulcre et la statue de marbre de *Louis-le-Hutin*, de son fils *Jean* et de sa fille *Jeanne*, reine de Navarre. Auprès est la statue de *Charles VIII* à genoux, avec une épitaphe d'un latin assez élégant. Dans le milieu du chœur, où les moines ont coutume de chanter, on aperçoit le tombeau de *Charles-le-Chauve*. Derrière l'autel matinal apparaissent des tombeaux en fort mauvais état ; ceux de *Philippe-Auguste*, de *Louis VIII*, et de *saint Louis*, dont le corps fut ensuite retiré. J'ai lu devant le maître-autel le nom de *Marguerite*, femme du dernier. Si l'on s'en rapporte au témoignage des religieux, car les autres indices manquent, on a enterré dans le chœur *Clotaire III*, *Thierry II*, *Lothaire*, l'avant-dernier des Carlovingiens, et *Alphonse*, comte de Poitiers et frère de saint Louis. Hors du chœur, du côté du midi, et dans la chapelle de *Charles V*, ont été ensevelis, à ce qu'on m'a dit, ce roi lui-même, sa femme *Jeanne de Bourbon*, leur fils *Charles VI* avec sa femme *Isabeau de Bavière*; *Charles VII*, avec sa femme *Marie*, fille du roi de Sicile ; outre ceux-ci : *Du Guesclin*, *Louis de Sancerre*, connétables de France, *Arnauld Guillaume*, seigneur de Barbazan, conseiller de Charles VII, *Charles*, dauphin de Viennois, fils de Charles VI. On voit près de là le magnifique mausolée de François 1er, de sa femme *Claude de Bretagne*, de leurs enfants, *François*, dauphin et duc de Bretagne, *Charles*, duc d'Orléans, et *Charlotte*, leur fille ; outre leurs portraits sculptés, on admire sur ce monument la représentation des guerres, des victoires et de toutes les actions du monarque. Du côté du nord, on voit dans différentes chapelles, plusieurs bustes ; dans celle de Blanche, ceux de *Marie* et de *Blanche*, filles du roi Charles-le-Bel ; de *Louis d'Avranches*, comte d'Etampes; de *Jeanne d'Eu*, fille du compte Rodolphe ; dans la chapelle de Saint-Hippolyte, se trouve le buste de la reine *Blanche*, reine de France, fille de Philippe, roi de Navarre, et celui de Jeanne, sa fille ; enfin du comte *Alphonse*, fils de Jean, roi de Jérusalem et empereur de Constantinople. Dans l'église même, du côté du septentrion, on voit le tombeau d'albâtre de *Louis XII* et de sa femme *Anne de Bretagne*. Dans une nouvelle chapelle qui s'étend en rond du côté du nord dans le cimetière, reposent Henri II, François II, Charles IX.

Poissy.

On trouve encore, dans les environs de Paris, la ville de Poissy, qui était autrefois fort aimée des rois. Les reines avaient anciennement coutume d'y aller faire leurs couches, avant que le château de Saint-Germain ne fût construit, et on y élevait les enfants du souverain, comme aujourd'hui à Blois et à Amboise. C'est à Poissy que saint Louis fut baptisé. Ce lieu renferme un célèbre couvent de religieuses.

Un peu avant la fête de Pâques, suivant le calendrier Julien, que les Anglais observent, tu pourras entreprendre une excursion en Angleterre, plus favorablement qu'à toute autre époque.

Gaillon.

Les uns descendent la Seine en traversant ces localités : Madrid, Saint-Cloud, Argenteuil, Saint-Germain-en-Laye, Poissy, Mantes, Vernon, Gaillon. Il y a là un château magnifique, où l'on voit une table de marbre offerte par les Vénitiens au roi Louis XII, un jardin admirable, une galerie décorée de peintures très remarquables. Ils passent ensuite par Louviers, ville forte, et par Pont-de-l'Arche, et enfin ils entrent à Rouen. D'autres, aimant mieux aller par terre, profitent des voitures qui partent tous les jours pour cette ville et vous y conduisent moyennant un écu d'or au soleil.

Pontoise.

La principale ville que l'on traverse, en ce voyage de deux jours, est Pontoise, ainsi nommée du pont sur lequel on y franchit l'Oise. Dès que tu as passé cette localité, tu entres en Normandie. On couche dans la petite ville de Magny, qui se trouve également à six lieues. Le lendemain, après avoir fait sept lieues, on descend une montée rapide, et l'on va dîner dans le bourg de Fleury, *à l'Escu de France*. Rouen n'est plus qu'à cinq lieues de là.

Normandie.

La Normandie, dont le nom signifie *pays des hommes du nord*, était appelée auparavant Neustrie. On sait par les historiens que sous Charles III, le duc Rollon vint s'établir dans cette contrée avec ses guerriers. Elle a pour limites, à l'ouest, la Bretagne, au sud, le Maine, la Beauce et l'Ile-de-France, à l'est la

Picardie. On y trouve trois duchés, ceux d'Alençon, d'Aumale et de Longueville, plusieurs comtés, et même une souveraineté, *le royaume d'Yvetot*.

Le titre de ce royaume vient de ce que Clotaire Ier ayant tué un seigneur d'Yvetot, fut condamné par le pape à concéder le pouvoir suprême aux héritiers du mort.

L'historien Robert Gaguin décrit ainsi cette contrée : « La Normandie s'enorgueillit d'une capitale, d'une demi-douzaine de cités, de quatre-vingt-quatorze villes et châteaux fortifiés, d'un grand nombre de bourgs très-importants. Il te faut six jours entiers pour la traverser ; on y trouve en abondance le poisson, le bétail, le blé ; les pommes et les poires y poussent avec une telle profusion, qu'on les exporte dans les autres provinces et que le peuple s'en fait une boisson qu'il appelle cidre. Les Normands sont très-rusés, attachés à la coutume, s'entendent bien aux procès et aux affaires captieuses, d'où il résulte que les étrangers craignent de se lier ou de faire le commerce avec eux ; du reste, la religion et la science trouvent en eux un appui ; ils sont excellents pour la guerre et on raconte d'eux plus d'un haut fait accompli à l'étranger. » Certes, s'écrie Mérula après avoir rapporté ce passage, moi qui ai parcouru le très-noble royaume de France, je n'ai vu nulle part un sol plus fertile, ni plus couvert de bourgs et de cités. Sa prospérité provient non-seulement de ce que sa position maritime donne une grande extension à son commerce, mais aussi de ce que ses habitants sont subtils, rusés, difficiles à tromper, affables, très-cultivés, amis du gain, ce qui ne les empêche pas de s'adonner aux lettres avec beaucoup de succès.

La Normandie eut pour ducs Rollon, Guillaume-Longue-Epée, Richard-l'Intrépide, Richard II, Richard III, Robert-le-Libéral, Guillaume surnommé le Conquérant, parce qu'il s'empara de l'Angleterre, et divers autres princes. Jean-sans-Terre, ayant fait assassiner son neveu Arthur, fut cité à comparoir par Philippe-Auguste, et, comme il fit défaut, ses domaines furent joints à la couronne de France. Jean et Charles V furent ensuite créés ducs de Normandie par leur père. Mais enfin Charles VII, surnommé ironiquement le *roi de Bourges*, chassa les Anglais de toute la France, Calais excepté.

Rouen.

La métropole de la province est Rouen, en latin *Rothomagus*. On a donné diverses étymologies de ce nom ; j'y crois retrouver celui de l'idole *Roth*, qui était adorée en ce lieu et fut détruite par saint Malo, comme le témoignent encore quelques vers d'un ancien hymne latin.

La ville est grande et très élégante, bien que

ses rues soient un peu étroites ; elle est baignée au couchant par la Seine, qui s'y ressent déjà du reflux de la mer ; on y passe la rivière sur un pont, en ruine aujourd'hui. Du temps de Mérula, ce dernier était encore intact. Il était de pierre, avait treize arches et était assez solide en apparence ; mais on en défendait l'usage aux voitures chargées et aux charrettes, car les réparations coûtaient trop, quand elles devenaient nécessaires. On entretenait toujours deux bacs sur la Seine pour passer les voitures.

Les plus grands navires remontent jusqu'à Rouen, qui a un double port, l'un appelé *le quai de Paris*; il est situé plus haut que le pont, et l'on y fait stationner les bâtiments qui viennent de la capitale ; l'autre, nommé *le quai des Navires*, renferme les vaisseaux qui vont sur l'Océan. Au-delà de la Seine est une large plaine. On aperçoit cependant au loin quelques collines. Il y en a d'autres beaucoup plus rapprochées au levant et au midi, particulièrement le mont Sainte-Catherine, sur lequel se trouvait une forteresse importante, qu'Henri IV assiégea sans la prendre, et qu'il fit raser après la paix, pour des raisons urgentes. La ville est arrosée par trois autres petites rivières qui servent à entraîner les immondices, et à faire tourner des moulins.

La tour de beurre.

La cathédrale, consacrée à la Vierge, est un

édifice très remarquable, qui possède trois tours, dont l'une s'appelle *la tour de beurre*, parce qu'elle fut bâtie avec l'argent que produisit la liberté laissée au peuple de faire usage de beurre pendant le carême. On voit dans cette tour une cloche, appelée Georges d'Amboise, du nom de l'archevêque qui en fit présent à la ville en 1501. Elle a dix pieds de large, treize pieds de haut, y compris les anses, trente-six pieds de circonférence, et pèse quarante mille livres. On a inscrit dessus des vers latins qui rappellent le nom du donateur, et ce quatrain en langue française :

> Je suis nommé Georges d'Amboise,
> Qui plus de trente-six mille poise :
> Et qui bien me pèsera,
> Quarante mille il trouvera.

La troisième tour, appelée la Pyramide, a été construite en bois avec un art merveilleux, puis revêtue de plomb et dorée en quelques parties. Au sommet de l'église se trouve une belle statue de saint Georges. Dans la chapelle d'Amboise, on voit l'épitaphe du cardinal d'Amboise, du seigneur de Brézé, sénéchal de Normandie, et de quelques autres. Près du chœur est peint un dragon qu'une tradition prétend avoir désolé autrefois la contrée, et qui fut dompté par saint Romain ou par saint Ouen, avec l'aide de deux criminels condamnés à mort. De là vient la coutume où sont chaque année les archevêques et les chanoines de pouvoir, par un privilège singulier, le jour de l'Ascension, après avoir entendu tous les prisonniers en confession, choisir un de ceux-ci pour le délivrer. En mémoire de la défaite du dragon, on fait, chaque année, une procession solennelle à laquelle celui qu'ils ont racheté est tenu d'assister, par lui-même ou par autrui, pendant sept ans. Une autre belle église est celle de Saint-Ouen ; un monastère y est annexé et des jardins très-agréables l'environnent. C'est là que descendent les rois de France, lorsqu'ils viennent à Rouen. Dans l'église, on voit deux roses placées vis-à-vis ; l'une fut, dit-on, exécutée par un maître, l'autre par son élève; le premier, jaloux de celui qu'il avait formé, le tua, et fut lui-même condamné à être pendu. Tous deux furent, à ce qu'on prétend, inhumés près du chœur. Si tu pénètres dans celui-ci avec des éperons à tes bottes, on t'impose une amende, comme on le fait dans les palais.

Il faut visiter les magnifiques salles du palais du parlement, et surtout *la chambre dorée*. On voit aussi à Rouen d'autres demeures princières, des maisons particulières fort remarquables, et enfin l'ancien édifice situé au fond de la ville sur la Seine, et appelé *le vieux palais*.

La meilleure hôtellerie est celle qui a pour enseigne *au quadrant de mer*.

Le Hàvre.

Tu pourras, si cela te convient, t'écarter ici du chemin direct et aller visiter, soit le Hàvre-de-Grâce, soit la ville de Caen et d'autres localités encore.

Mortain.

A quelque distance de la dernière, se trouve Mortain ; ville située sur l'Aure et où l'on conserve les reliques de saint Guillaume. Dans la cathédrale, il est d'usage que les chanoines célèbrent les cérémonies sacrées suivant le rit de Paris ; à l'époque des grandes fêtes, un huissier royal se tient debout dans l'église, l'épée à la main, jusqu'à ce que la messe soit terminée.

Ceux qui vont de Rouen à Dieppe se servent des chevaux de louage du messager de cette dernière ville. On paie quarante-cinq sous par tête. Il y a des départs trois fois par semaine de Rouen pour Dieppe, et réciproquement. On passe d'abord par des endroits montueux ; on trouve ensuite en plaine quelques bourgs qui offrent de loin l'apparence d'une forêt, parce que chaque maison est entourée de grands jardins qui cachent le toit des habitations, et que les chemins même sont bordés d'arbres très-élevés. On dîne dans le bourg de Tôtes.

Dieppe.

La ville de Dieppe est située entre d'étroites collines. La mer la baigne du côté du nord. Son port est très-sûr ; mais l'entrée n'en est pas assez grande. Elle est fameuse pour avoir donné le jour à des navigateurs qui se sont fait un nom glorieux en visitant les pays les plus éloignés. Elle a des rues larges, des maisons assez basses, et un château bien fortifié. Hors de la ville, on a élevé des retranchements destinés à la défendre de tous côtés. Cette cité, où l'on fabrique divers objets d'ivoire et d'os de baleine, fut la première à reconnaître la souveraineté d'Henri IV, qui se vit cependant obligé d'y combattre le duc de Mayenne.

VOYAGE EN ANGLETERRE.

De Dieppe, si tu veux voir l'Angleterre, il te faut traverser ce bras de mer par lequel il a plu à l'auteur de la nature de séparer la Grande-Bretagne de la France et de la Belgique. Tu devras, pour faire ce trajet, utiliser les conseils de ton hôtelier ; descends donc, si tu m'en crois, *au Fardeau*, et choisis, pour accomplir la traversée *Jean Busson*, homme bien au courant de tout ce qui concerne la navigation et possesseur d'un bâtiment qui ne laisse rien à désirer. Avec son aide, si le vent est un peu favorable, tu traverseras le détroit en vingt-quatre heures.

Parlons maintenant de l'Angleterre, en laissant de côté les longues descriptions, car mon but est, avant tout, de t'indiquer les routes.

Douvres.

Le premier port du comté de Kent est la ville de Douvres, qui n'est pas entourée de murailles, mais que domine un château à triple enceinte. La vaste cour de celui-ci est couverte d'un gazon où paissent continuellement cent moutons et douze vaches. Tu apercevras des canons, soit dans le haut, soit dans le bas de l'escarpement, et du côté de la ville comme du côté de la mer. L'un de ces canons, long de trente-deux palmes, a été fait par ordre d'Henri VIII et porte une inscription en langue flamande. On trouve ici un puits très-profond d'où l'on tire l'eau par un mécanisme singulier que mettent en mouvement un âne et une mule. Cet exercice mérite d'être vu. La salle du roi Arthur n'a qu'une chose de remarquable ; c'est que, faite de bois d'Irlande, elle ne supporte aucun insecte venimeux. Il faut choisir pour auberge celle qui a pour enseigne *à la Poste*. On paie pour aller de là jusqu'à Cantorbéry, trois sous anglais, c'est-à-dire trente sous français ; de Cantorbéry à Sittingburn, autant ; de cette dernière ville à Rochester, vingt-cinq sous, de celle-ci à Gravesend, quinze sous.

Cantorbéry.

L'église de Cantorbéry est célèbre pour sa magnificence. Remarques-y les tombeaux du *Prince Noir*, d'Henri IV et de ses deux femmes, de Thomas Becket, et un vitrail admirablement peint. On y voit encore une table d'airain consacrée à la mémoire de Réginald Polus (1).

Sittingburn.

La petite ville de Sittingburn n'est pas déplaisante. Avant d'y arriver, tu verras, suspendu à un arbre, le squelette du brigand qui assassina traîtreusement le messager envoyé au sérénissime roi d'Angleterre par l'électeur palatin. Ce squelette est tellement muni de chaînes et de cercles de fer, que, malgré l'injure du temps, il servira pendant de longues années d'exemple aux malfaiteurs. Le maître de l'hôtellerie *à la Poste*, est un excellent homme ; il est écossais de naissance et parle latin.

Rochester.

La ville de Rochester offre un curieux spectacle, car on voit stationner, auprès d'elle,

(1) Célèbre écrivain ecclésiastique né dans le comté de Stafford, et mort en 1558.

sur la Medway, la flotte royale, composée de navires gigantesques. Visite du moins le vaisseau *le Prince*. On nous dit qu'il portait soixante-dix canons, qu'il avait quatre-vingts matelots, et qu'il pouvait recevoir mille passagers. On y voit des cabines très-élégantes. La dimension du grand mât était telle, qu'en l'entourant de mes bras par deux fois, je n'ai dépassé sa circonférence que d'une palme. Parmi les autres bâtiments, on distingue l'*Elisabeth*, le *Jonas*, l'*Ours blanc*, l'*Honneur*, le *Triomphe*, tous ornés de peintures et d'emblêmes.

Gravesend.

Si tu veux te loger commodément à Gravesend, choisis pour hôtellerie celle qui a pour enseigne *à la ville de Flessingue*. L'aubergiste est un belge très accommodant. De là on part en barque pour Londres, quand la marée arrive.

Londres.

Londres, capitale de l'Angleterre, est une cité immense, qui s'étend, en forme de croissant, le long de la Tamise. Cette rivière, sur laquelle tu verras un grand nombre de vaisseaux, la coupe en deux parties : dont l'une située sur la rive droite, s'appelle Southwark : l'autre est beaucoup plus petite. On a jeté sur le fleuve un pont de dix-neuf arches, couvert de maisons. Tu verras, à cette époque, le solennel lavement de pieds, fait au nom du roi, par l'archevêque de Cantorbéry, à autant de pauvres que le monarque a d'années. Pendant que le prélat accomplit cette cérémonie, une musique grave se fait entendre, et l'on renvoie ensuite les pauvres en leur donnant des vêtements, du linge, des chaussures, du vin, du poisson et une bourse remplie de monnaie d'or. Vers le même temps, le roi touche les écrouelles. Le mardi de Pâques, le maire, suivi de vingt-quatre échevins, se promène solennellement dans la cathédrale. La veille du jour de saint Georges, les chevaliers de la Jarretière commencent leur fête, dans la chapelle du château. Ils l'achèvent le lendemain avec des cérémonies particulières.

Voici différents endroits où tu feras bien de te rendre :

Eglise Saint-Paul.

1° L'église Saint-Paul, où tu verras le tombeau de Thomas Linacre. Une tour fort élevée lui est adjacente, d'où tu pourras promener tes regards sur la cité.

Westminster.

2° Westminster, église des plus splendides, située à l'angle ouest de la ville: c'est là qu'on couronne les rois ; c'est là qu'ils ont leurs tombeaux, ainsi que beaucoup de grands personnages, sur lesquels tu pourras consulter un livre imprimé, que vend le sacristain. On y distingue entre tous les monuments funèbres, ceux que le roi Jacques Ier fit exécuter pour Elisabeth et pour sa mère, Marie Stuart. On fait ici des distributions aux pauvres tous les dimanches, et pendant le sermon, tu peux voir les aliments disposés sur une longue table de bois. On vous montre, entr'autres curiosités, la pierre sur laquelle Jacob dormait, lorsqu'il vit dans un rêve les anges descendre du ciel. Elle est placée sous la chaise dans laquelle s'asseoient les rois d'Angleterre, lors de leur couronnement.

Whitehall.

3° Whitehall est un château royal situé au bord de la Tamise. Vu par dehors, il n'offre rien de particulier; mais à l'intérieur, il est magnifique. Dans le nouvel édifice se trouve une grande salle où les chevaliers de la Jarretière, lorsqu'ils ont terminé leurs cérémonies solennelles, se réunissent dans un festin. Les murailles des chambres sont décorées de tapisseries et de peintures. On conserve, dans la bibliothèque, un manuscrit composé en langue française par la reine Elisabeth, et dédié à Henri VIII, son père.

4° Contre le château est un vaste jardin royal où l'on voit toute sorte de bêtes et d'oiseaux apportés de l'étranger. Il renferme beaucoup d'animaux apprivoisés, et un manége destiné à des exercices d'équitation quand le temps est pluvieux.

5° Le palais du Parlement, qui fut miné et faillit sauter en l'air lors de la fameuse conspiration des poudres.

6° Non loin, vers la campagne, se trouve une ancienne abbaye, bâtiment fort remarquable, appelé aujourd'hui la *Maison du Prince.*

7° Il faut voir aussi *la rue du Prince*, ornée d'édifices élégants qui se correspondent les uns aux autres.

La tour de Londres.

8° La tour de Londres, château situé dans la partie orientale de la ville, sur la Tamise. Elle comprend un arsenal royal. La cour renferme des monceaux de boulets et une quantité d'armes et canons. Nous en vîmes un de forme ronde, qui pouvait lancer sept boulets d'un seul coup. Un autre était carré, et en lançait trois seulement. On nous montra deux canons de bois cerclés de fer, dont Henri VIII se servit pour assiéger Boulogne. Parmi les armes que renferme la tour, on remarque celles de Henri VIII, du duc de Lancastre, et du comte de Suffolk. En haut de la tour intérieure qu'on appelle tour de César, sont placés les canons dont on s'empara à la prise de Cadix. Il se trouve dans le même lieu un atelier où l'on frappe des monnaies d'or et d'argent : car la monnaie de cuivre est inconnue dans ce royaume. Dans l'enceinte de ce château sont quelques tours rondes destinées à servir de lieu de captivité aux personnes de haut rang. Tout auprès est la prison des lions et des léopards, où l'on voit aussi l'aigle et le loup, bêtes malfaisantes qui ne se rencontrent plus dans la contrée.

9° La Bourse est un très bel édifice, dans la cour et sous le péristyle duquel les commerçants se rassemblent deux fois par jour. On vend toute espèce de marchandises à l'étage supérieur.

10° Les théâtres où l'on fait battre des chiens contre des ours et des taureaux, aussi bien que ceux dans lesquels on voit des combats de coqs.

11° Les colléges et les écoles diverses. Je t'en recommande deux surtout, situées contre le milieu du Temple. De charmants jardins leur sont contigus.

12° Quelques splendides palais sur la rive droite de la Tamise.

13° Tous les mois on fait une exécution de criminels condamnés au gibet. On en place quelques-uns sur une charrette, et on les amène jusque sous la potence. Là, lorsqu'on leur a passé à tous la corde au cou, on fait partir la charrette, et les condamnés restent suspendus.

Il y aurait beaucoup d'autres choses curieuses à mentionner encore; mais le temps me presse, et je me souviens d'ailleurs que j'ai vu autrefois une description fort exacte de la ville par Kentzner. Ceux qui désirent rester un peu davantage dans ce royaume ont coutume de prendre un interprète parmi ceux qu'on trouve sur place. Il est arrivé cependant que plus d'un Allemand a eu à se plaindre de la mauvaise foi de celui qu'il employait. Sache donc que nous nous servîmes du ministère d'un excellent jeune homme, du nom de Frédéric, né à Cassel dans la Hesse ; tu pourras le faire demander à l'enseigne de *la Cloche Noire* : *to the black bell*, où tu seras plus économiquement qu'ailleurs. La plupart du temps on voyage à cheval, quelquefois en voiture de louage, quelquefois en barque. La voiture coûte trop cher. On peut aller par eau à Richmond, à Hamptoncourt, à Windsor, à Oxford, et revenir de même. Quant aux chevaux, sers-t'en quand bon te semblera. Il y a des voyageurs qui se rendent jusqu'à Salisbury et jusqu'à Bristol, la seconde ville après Londres, et visitent les sources voisines. N'ayant pas vu ces lieux, je n'en parle pas. Voici ceux que j'ai pu juger par moi-même :

Richmond.

1° Richmond, château royal construit par Henri VII. Remarques-y surtout la bibliothèque de ce monarque, et un miroir dans lequel on raconte qu'il avait la faculté de voir ce qui se passait de tous côtés, et qui se cassa lorsqu'il mourut. Fais-toi montrer encore la chambre du même souverain, souillée de sang, son écritoire, et la généalogie des rois d'Angleterre depuis Adam.

Hamptoncourt.

2° La ville de Kingston et, dans le voisinage, l'admirable château d'Hamptoncourt avec un jardin délicieux. Les étrangers y distinguent une chapelle élégante, une salle dont la voûte, faite de bois d'Irlande, ne supporte aucun animal venimeux et par conséquent aucune araignée ; un instrument de musique en verre ; plusieurs beaux tableaux dans les galeries supérieures, et, parmi ceux-ci, un portrait du Sauveur avec une inscription attestant que l'empereur des Turcs l'avait envoyé au Pape pour délivrer son propre frère de la captivité, si je ne me trompe ; quelques chambres, entre lesquelles tu remarqueras celle qui renferme une image de la reine représentée en Vénus, avec des devises latines. Mais la plus brillante de toutes les salles est la chambre du *paradis*, qui éblouit les yeux par l'éclat des perles et des pierres précieuses. Malheureusement, pour la voir, il faut débattre le prix d'entrée avec le sordide personnage qui en a la garde.

Windsor.

3° Windsor, ville qui possède un château ancien et superbe. L'église des chevaliers de la Jarretière contient, dans le chœur, les armoiries de tous les membres de l'ordre, avec leurs noms au-dessous. Il y a dans le nombre beaucoup d'empereurs, de rois et de princes étrangers. Regarde quelques belles tombes, les couches splendides qui ornent les chambres, et une corne de licorne longue de neuf palmes. Près de Windsor, se trouve le collége d'Eton, qui n'est pas sans intérêt.

Oxford.

4° Oxford, siége d'une université renfermant seize colléges. L'un d'eux est appelé *Collége de la Reine*; lorsque les étudians qui l'habitent y aperçoivent un étranger, ils lui apportent une corne de bœuf remplie de bière. Il faut louer cette aimable complaisance, tandis que, dans les autres colléges, on trouve une effronterie plus digne de brigands que d'hommes voués à l'étude. Le nouveau collége renferme une bibliothèque pleine de livres imprimés et de manuscrits.

Woodstock.

5° Le château de Woodstock, ancienne construction où la reine Elisabeth fut retenue captive par sa sœur. Elle y écrivit sur une vitre des vers anglais qu'on peut voir encore. A quelque distance se trouvent les ruines d'un autre bâtiment qui communiquait avec le premier par le moyen d'un conduit souterrain, et qu'habita, dit-on, Rosemonde, maîtresse du roi Henri II.

6° Bedford, jolie ville qui possède le titre de comté.

Cambridge.

7° Cambridge, célèbre par son université. Ses plus beaux colléges sont ceux de la Trinité, de Saint-Jean et le collége Royal.

8° Adelin, château situé à trois heures de là, n'est pas encore terminé. C'est un grand personnage qui le fait construire, et, quand il sera achevé, il n'aura pas son pareil.

9° Le château de Thiébaults, entouré de vergers et de jardins, où tu verras la généalogie des comtes de Salisbury et une table de marbre près de laquelle sont placées les statues des douze empereurs romains. Tu traverseras ici deux salles, dont l'une renferme quarante arbres représentant le même nombre de provinces d'Angleterre ; dans l'autre sont peintes les plus belles villes d'Europe, et sur la cheminée on a tracé en français l'histoire de Jean de Sitschitz et de Guillaume Fanach. De là on revient à Londres en peu d'heures.

Pour rentrer dans cette dernière ville, il faut suivre la Tamise. Examine en passant les débris du navire sur lequel François Drake fit le tour du monde.

Greenwich.

Visite aussi le château royal de Greenwich, célèbre par la naissance d'Elisabeth, qui s'y retire quelquefois. On dit qu'il renferme beaucoup de curiosités ; mais je n'ai pu le voir, parce que la reine s'y trouvait alors. Tu t'en retourneras de Gravesend à Douvres par le chemin que tu as suivi en venant, et tu t'embarqueras sur un bâtiment qui conduise à Calais.

Calais.

Cette ville, bien fortifiée, possède une citadelle élevée par Henri II, lorsqu'en 1558, le duc de Guise eut enlevé Calais aux Anglais, qui en étaient maîtres depuis plus de deux cents ans et prétendaient ainsi avoir la clé de la France dans leur poche. A côté d'elle se trouve, en mer, le fort de Risban qui protége le port.

Il y a deux routes pour revenir d'ici à Paris, l'une directe, l'autre qui te mène, en faisant plusieurs détours, à travers la Belgique.

Boulogne-sur-Mer.

Si tu veux suivre la première, tu passeras d'abord par Boulogne-sur-Mer, ville double, située en partie sur une colline, en partie dans un fond, contre le port. On prétend que son nom vient du verbe *bouillir*, parce que tout son territoire est sablonneux, et rempli de cet espèce de gravier qu'on appelle *bouillant*. Telle est du moins la remarque de Mérula. Cette cité joua un rôle important dans les combats des Anglais contre les Français. Elle possède le titre de comté. Il y avait autrefois en ce lieu deux ports très-célèbres, celui d'Iccius et celui de Gessoriacus. Les érudits croient retrouver le dernier dans le port actuel, et pensent que le premier a été dévoré par la mer, comme il est arrivé pour le promontoire Curien ; à moins cependant qu'Iccius ne soit identique avec le port de Calais.

Montreuil-sur-Mer.

Montreuil-sur-Mer, où tu passes ensuite, possède également le titre de comté. Une tradition prétend que la ville fut nommée ainsi, d'un monstre qui s'était établi dans cet endroit. La nature et l'art ont également contribué à en faire une ville très forte.

Abbeville.

Abbéville, capitale du comté de Ponthieu, appelé ainsi du grand nombre de ses ponts, car tout le pays compris entre la Somme et l'Authie, est plein de marais, d'étangs, de ruisseaux et couvert de ponts, est une ville grande, élégante, très forte. Elle est située sur la Somme, qui la coupe en deux.

Picardie,

Te voici parvenu en Picardie. Cette province a pour limites à l'est, le Luxembourg, au sud, la Champagne, au couchant, la Normandie et l'Océan, au nord, l'Artois et le Hainaut. Elle est très fertile et sert de grenier à Paris. Si elle ne produit pas de vin, c'est plutôt par la nonchalance de ses habitants qu'à cause de la rudesse du climat. Il est passé en usage dans cette province que les aubergistes vous fournissent seulement la chambre, le vin, le pain, le linge et les vases de table; pour les autres aliments, il faut te les faire apporter des gargottes voisines. La capitale du pays est Amiens, ville extrêmement forte. L'archiduc Albert s'en était emparé par surprise; mais Henri IV la recouvra en 1597. De là vient ce dicton : *Amiens fut prinse en renard, reprinse en lion.* On y a élevé depuis une citadelle. Sa cathédrale est célèbre à juste titre. Cette cité est coupée en plusieurs îles par la Somme, dont le courant se divise en branches diverses. Quelques-uns des habitants soutiennent que leur ville fut fondée par des soldats d'Alexandre-le-Grand. Quoi qu'il en soit, Amiens jouissait de grands priviléges, au rapport de Mérula; on n'y pouvait mettre de garnison étrangère, ni lever d'impôts. Tu choisiras pour hôtellerie celle qui a pour enseigne *au Cardinal,* sans te laisser étourdir par les belles paroles que tu entendras retentir autour de toi.

Picquigny.

A trois lieues d'Amiens se trouve la ville

de Picquigny, fondée, dit-on, par Pignon, soldat d'Alexandre-le-Grand. Elle est célèbre par le meurtre de Guillaume-Longue-Epée, duc de Normandie, que Baudouin, comte de Cambray, y fit assassiner, après l'y avoir attiré sous prétexte de conclure la paix avec lui. Les annales de Normandie contiennent le récit du meurtre. Les écrivains français rapportent aussi qu'après que les Anglais eurent été défaits dans un combat, on massacra tous ceux qui ne pouvaient prononcer correctement le nom de la ville et qui disaient *Pequeni* pour Picquigny.

Après avoir quitté Amiens, tu traverseras pendant trois jours des campagnes fertiles et de jolis villages, et, laissant derrière toi Clermont, ville du prince de Condé, tu rentreras à Paris.

VOYAGE EN BELGIQUE.

Comme je te l'ai dit, le chemin que je viens de décrire est le chemin direct, et il y en a un autre plus long, mais qui te fera voir toute la Belgique dans l'espace d'un mois, si tu le désires. Examine donc s'il te convient de consacrer quelques semaines à l'exploration d'un pays également illustré par les lettres et par de brillants combats.

Procure-toi en premier lieu la description qu'a faite Guichardin de ces contrées ; elle a été publiée en diverses langues et renferme la peinture des cités. Moi, je ne ferai guère que t'indiquer le nom des localités. Je t'avertis que tu trouveras presque partout l'avantage de pouvoir aller en voiture d'un lieu à un autre ; quelquefois aussi tu pourras te servir de chevaux de louage ; mais rarement et à plus grands frais. De Calais tu vas à Gravelines, et de là à Dunkerque, port et ville fortifiés, où l'on est bien traité à l'enseigne *des Clés*.

Nieuport.

Ensuite tu passes Nieuport et quelques dunes ou collines de sable, près desquelles eut lieu un combat célèbre entre l'archiduc Albert et les Etats. La ville d'Ostende, où tu arrives bientôt, n'est pas moins connue par le fameux siége qui dura trois ans ; en voyant l'aspect mesquin de cette cité, tu t'étonneras de son nom illustre, et de tout le sang qu'elle a coûté (1). Il y a un jour et demi de marche jusque là. Une autre journée de voyage t'amène d'Ostende à l'Ecluse ; tu vois en route le lieu fortifié appelée Blanckenburg. Ce voyage est

(1) C'est Ambroise Spinola qui la prit, en 1604.

curieux, car la voiture roule au bord de la mer et parfois même fait quelques pas dans l'océan; pendant toute la durée du chemin, tu aperçois un nombre infini de canaux. En te procurant une permission, tu peux visiter les fortifications de l'Ecluse, et si le temps est favorable, tu te rends dans l'île de Walcheren, où il y a quatre villes à examiner :

Flessingue.

1° Flessingue, qui renferme une garnison de mille soldats anglais et une grande quantité de navires. C'est le rempart de la Belgique.

2° Middelbourg, vaste cité surnommée *l'estappe du vin de France et d'Espaigne*, où il faut voir une horloge curieuse, la maison d'un certain marchand construite avec une grande splendeur, et l'endroit où les citoyens s'exercent au tir du mousquet et de l'arbalète.

3° Veere, ville moins grande, mais très-forte, dans laquelle tu verras quelques canons portant le nom de Charles-Quint ; il y a contre la porte une auberge fort commode d'où l'on aperçoit dans l'île de Schouwen, la ville de Ziérik-zée, éloignée de quelques lieues.

4° Armuyden, où l'on trouve un port sûr.

Lorsque tu auras mis le pied dans cette île, tu te croiras transporté dans un nouveau monde, tant les choses y ont un autre aspect que sur la terre ferme. Du côté du continent, l'industrie humaine l'a munie de digues ; du côté de l'océan, elle est défendue contre la fureur de la mer, par des dunes naturelles. Ses habitants, se souvenant encore qu'une grande partie de l'île de Beveland fut engloutie autrefois par la mer, avec plusieurs milliers d'infortunés, ont élevé çà et là, sur tout le territoire de Walcheren, des éminences destinées à leur servir de lieu de refuge, dans le cas où la mer viendrait à faire irruption. Elle est très fertile et produit même du vin ; entre Flessingue et Middelbourg on trouve un village dont la plupart des maisons sont couvertes de vignes qui s'élèvent jusqu'aux toits. Des voitures de louage attendent les voyageurs à la porte des différentes villes, pour les conduire à bas prix de tout côté. On m'a dit qu'il y en avait deux cents à Middelbourg seulement. La Zélande, dit l'historien de Thou, a ce malheur d'être engagée dans une lutte perpétuelle avec l'océan, qui lui rend d'un autre côté en alluvions ce qu'il lui enlève ; mais elle est habitée par des peuples d'un caractère plus industrieux, bien que le ciel y soit nébuleux, et le sol presque couvert de marécages, que celui de ses voisins du continent ; si les Brabançons se montrent empressés, enjoués, intempérants même dans leurs plaisirs ; si les Flamands sont adonnés aux femmes et immodérés ; si les Hollandais sont simples, naïfs, mous et passent même pour un peu lourds, les Zélandais sont, de l'avis de tout le monde, rusés, fins, retors ;

comme si la nature, voulant suppléer à ce qui leur manquait sous le rapport du sol, leur avait donné un esprit doublement ingénieux, afin qu'ils pussent lutter contre la fortune; car chez eux tout est incertain; leur bonheur ou leur malheur dépend du vent, de la mer et du sable, du flux et du reflux, de la croissance et de la décroissance de la lune.

De Flessingue, tu reviens sur Ysendick, ville forte de la Flandre, et de là sur l'Ecluse, où tu montes en voiture pour te rendre à Bruges.

Bruges.

Tu traverses Damme, qui n'a rien de particulier; mais Bruges mérite ton attention. C'est une belle et grande ville; le palais nommé *La Franche* est remarquable, ainsi que la salle où l'on discute les causes; tu vois dans cette dernière une élégante cheminée, faite d'albâtre et de bois sculpté, avec des sujets représentant l'histoire de Suzanne, et une statue de Charles-Quint. A droite de l'entrée, est un plan géographique de la côte entre Nieuport et l'Ecluse. Contre est l'hôtel-de-ville, où se trouvent diverses statues et inscriptions. Du haut d'une tour voisine, on peut voir la ville, la campagne et même les îles de la Zélande. Choisis à Bruges l'hôtellerie *au Sauvage*.

Gand.

De Bruges tu iras à Gand, la plus grande

ville de toute la Belgique. On y va plus ordinairement et plus commodément à cheval qu'en voiture. Parcours la cathédrale, dédiée à saint Jean, et regarde dans le chœur, à main droite, un tableau avec une inscription française relative à l'ordre de la Toison-d'Or. Gand possède un château fort, de forme carrée, ayant une redoute à chacun de ses angles. Une tour, dont la foudre a abattu une partie, mais qui a encore cinq cents degrés, vous permet de plonger au loin dans la plaine. L'hôtel-de-ville renferme les statues de Neptune et de Cérès, le portrait de l'archiduc Albert et de sa femme Isabelle, celui des empereurs Maximilien et Rodolphe II, diverses images allégoriques accompagnées d'inscriptions en vers latins, des trophées relatifs à de glorieuses victoires.

Le château, tout entouré d'eau, n'est rien moins que splendide ; mais il faut le visiter par égard pour Charles-Quint, qui y est né. Au dehors on voit une statue élevée en l'honneur de ce prince, et dont le piédestal porte une inscription quadruple.

J'ai remarqué, sur un pont, un groupe d'airain représentant un fils qui décapite son père, et à qui cet acte odieux valut sa grâce.

Bruxelles.

De Gand tu vas à Bruxelles, où il y a un château qui sert de résidence à l'archiduc. L'hôtel-de-ville est d'une élégance peu ordinaire. Sur la place au bout de laquelle il s'élève, on montre l'endroit où les comtes d'Egmont et de Horn furent exécutés. Visite aussi la tour qui renferme l'arsenal.

Cheval de l'archiduc Albert.

On garde dans les écuries du prince la peau d'un cheval, qui sauva la vie à l'archiduc dans le combat de Nieuport ; au-dessus se trouvent écrits ces vers latins :

« Arrête-toi, voyageur, pour me considérer; on m'appelle *noble* ; mais je le suis plus encore que mon nom ; car, lorsque la guerre sévissait près d'Ostende, j'ai préservé l'archiduc Albert au moment où la mort nous menaçait tous deux ; j'ai su l'arracher à la rage des ennemis et j'ai ramené ici mon maître, sain et sauf ainsi que moi-même, car notre heure n'était pas sonnée. Mais, lorsque l'année eut fait son évolution, le jour même où nous avions tous deux échappé au danger, j'ai succombé à la mort. Voyez ce que j'étais. »

Tu visiteras à Bruxelles plusieurs magnifiques palais de ducs et de princes, des jardins et des parcs, des grottes faites de coquillages, et où l'on a aménagé les eaux de manière à leur faire produire des effets merveilleux. Remarque surtout un automate représentant une jeune fille jouant de l'orgue. Le jardin du duc d'Aumale, dans le voisinage de la ville, est aussi très-agréable.

Louvain.

De Bruxelles tu vas à Louvain, grande ville qui n'est pas encore construite en entier. Elle possède une université fameuse, dans laquelle a professé Juste Lipse, auquel a succédé Erycius Putéanus (1), dont le caractère est aussi aimable que l'érudition est étendue. Tu pourras aller voir un ancien château où Putéanus habitait pendant que j'étais à Bruxelles ; cet édifice fut, dit-on, construit par les Romains. Dans l'hôtel-de-ville sont suspendus des échelles et des pétards, qui avaient été fabriqués pour s'emparer de la cité ; on y montre en outre un tableau représentant la fable d'Andromède, accommodée habilement à l'entrée de son altesse l'archiduc. Si tu visites la maison de Juste Lipse, tu verras sur une cheminée les portraits de ses trois chiens Mopsus, Mopsulus et Saphir. Sors de Louvain pour parcourir Heverle, château du duc d'Arschott, ainsi que le jardin et l'église qui l'avoisinent (2).

(1) Erudit, littérateur et poète latin, né à Vanloo, dans la Gueldre, et mort en 1646.

(2) Voici dans quels termes Adrien Barland, écrivain belge mort en 1522, fait l'éloge de Louvain : « C'est la principale ville du Brabant. Elle jouit d'un climat excellent et renferme dans ses murs la plus grande variété de sites, mais est surtout célèbre par son université. A Orléans, on enseigne les lois civiles ; à Paris, la

Tu descends ensuite à Mechelen, où tu devras voir l'arsenal de l'archiduc, puis à Lière, et de là à Anvers.

Anvers.

Cette ville, l'une des plus charmantes d'Europe et qui était autrefois la plus commerçante de tout le globe, est située sur la rive droite de l'Escaut. Elle possède dans sa partie supérieure une citadelle, où quelques milliers d'Espagnols tiennent garnison. Ses rues sont larges et bien pavées, ses édifices superbes. Elle est entourée d'un vaste rempart où des allées de tilleuls

théologie, le droit-canon et la philosophie ; il y a d'autres universités où l'on ne prise que la médecine : dans celle de Louvain, on professe toutes les sciences. Cette dernière est administrée par un chef appelé recteur, qui a pour fonction de juger, de conserver les priviléges, de punir les étudiants coupables. Lorsqu'il paraît en public, il est précédé d'un huissier ou bedeau, et suivi de plusieurs serviteurs. Sa dignité est telle que les échevins, les magistrats et tous les membres de l'université se lèvent devant lui et lui cèdent le pas. — Louvain possède plusieurs édifices dignes d'attention : un vaste hôpital où les femmes soignent les malades, un couvent de Chartreux, qui offre aux moines la solitude d'un désert, au milieu d'une cité populeuse. Il faut remarquer encore la tour appelée dans le peuple *argent perdu*, en flamand verlohrn Kost, et d'où, lorsque le ciel est serein, on peut apercevoir Anvers, situé à une distance de huit milles. »

offrent aux promeneurs une ombre épaisse. L'église de Notre-Dame est magnifique ; elle renferme plusieurs autels de toute beauté ; sa tour a six cent vingt degrés.

Visite encore la maison de ville ; la bourse anglaise et celle de la cité ; la maison de correction destinée à la jeunesse, et appelée en flamand *das Zuchthaus* ; la maison de la hanse teutonique ; un autre édifice dans lequel fonctionne une machine qui sert à distribuer l'eau dans la ville ; le port des grands navires ; la porte de César ; la taverne qui a pour enseigne *Aux mille moyens* ; et, près d'une ancienne porte, contre le marché aux poissons, une statue de pierre à laquelle le peuple attribue une vertu singulière.

A environ trois lieues d'Anvers se trouve Lillo, situé à l'embouchure de l'Escaut. Ce n'était autrefois qu'un fort de terre ; mais les Etats confédérés l'ont métamorphosé en ville et y entretiennent une garnison. Aucun navire n'y peut pénétrer sans avoir été visité, et s'il voulait forcer le passage avant d'avoir subi cette formalité, il serait foudroyé par les batteries qui bordent les deux rives. Tel est l'obstacle opposé à la libre navigation sur l'Escaut.

Berg-op-Zoom.

D'Anvers il faut te rendre à Berg-op-Zoom, ville célèbre par le siége qu'elle soutint avec succès en 1584, contre le duc de Parme. Non loin est Bréda, qui appartient au prince d'Orange. Visite en ce lieu le château où l'on garde encore le navire sur lequel pénétrèrent les soldats des Etats, en se couvrant des mottes de gazon qui servent ici de combustible. Dans une des salles du château tu verras un hippo-cerf. Il alla une fois à Bruxelles et en revint en un jour, bien qu'une distance de 20 milles sépare ces deux villes. Il dépassait à la course un chien de chasse. Entre aussi dans l'église, et contemple l'admirable tombeau d'Henri, prince d'Orange, qui fit bâtir le château.

Tu vas de là à Gertruydenberg, ville très-forte, environnée de tous côtés par l'océan et par des marais ; et de celle-ci tu te rends par mer à Dordrecht (1). Si, lorsque tu te trouvais à l'Ecluse, le temps ne t'a pas permis de visiter l'île de Walcheren, il faut y aller maintenant, où même de Berg-op-Zoom.

Rotterdam.

De Dordrecht, on va par mer ou en voiture à Rotterdam, très grande ville, dans laquelle est né Erasme et où on lui a dressé une statue de bronze. De là on traverse Delft, grande et belle cité, où tu verras le tombeau du prince

---

(1) Il est étonnant qu'en parlant de cette ville, Jodocus oublie de dire qu'elle est la patrie de son auteur favori, Paul Mérula.

Guillaume d'Orange, qui y fut assassiné par un Bourguignon.

La Haye.

On gagne ensuite La Haye, où est le palais du sénat, et le château des comtes de Hollande. De ce lieu on a coutume d'aller à Schevelinges, pour voir des chariots à voiles que le vent fait marcher avec la plus grande célérité. On se rend aussi à Losdun, bourg voisin dont l'église renferme un tableau suspendu, qui raconte l'histoire de la comtesse de Hennenberg.

Cette inscription nous apprend que Marguerite, femme du comte Hermann de Hennenberg, fille de Florent IV, comte de Hollande et de Zélande, tuée en douze cent trente-quatre, sœur de Guillaume, d'abord roi des Romains, et ensuite proclamé empereur, sœur d'Alithée, comte de Hainaut, etc., âgée d'environ quarante ans, enfanta, en 1277, trois cent soixante-cinq enfants, qui furent baptisés dans deux bassins d'airain par Otton, évêque d'Uttrecht. Le nom de *Jean* fut imposé aux enfants mâles, et celui d'*Elisabeth* aux filles. Ils moururent tous le même jour, ainsi que leur mère, et furent ensevelis comme elle dans l'église de Losdun. Ceci était arrivé à la comtesse parce qu'elle avait refusé l'aumône à une pauvre femme qui portait deux enfants jumeaux, lui reprochant que ce n'était pas le fait d'un seul homme. Se sentant blâmer à tort, la pauvresse, pour se venger, souhaita à la comtesse d'avoir autant d'enfants en une seule fois qu'il y avait de jours dans l'année. Ce vœu s'accomplit malgré toutes les lois de la nature, continue l'inscription, et on a pendu ce tableau dans cette église en mémoire de cet événement, attesté soit par d'anciens manuscrits, soit par des livres imprimés (1).

Tous le temps que tu voyageras en Hollande, n'oublie pas d'imposer expressément aux voituriers l'obligation de te conduire jusqu'au seuil même de ton hôtellerie. Effectivement, si tu descendais à l'entrée des villes, tu serais contraint de louer un porte-faix pour tes bagages ; or, cette race est fort avide dans le pays et ne se contente pas d'un double salaire.

Leyde.

A Leyde, tu visiteras l'université, la bibliothèque, l'anatomie, le jardin botanique, l'église Notre-Dame, où est enterré le grand Scaliger, le château appelé *Bourg*, qu'on prétend

(1) Après avoir raconté le même fait, un compilateur du 17e siècle s'exprime ainsi : « Proche de la Meuse, il y a un château avec trois cent soixante-cinq fenêtres, qui porte le nom desdits enfants. Toutefois il se trouve beaucoup de gens qui, doutant presque de tout, rejettent cette histoire comme fabuleuse, et accusent les auteurs de mensonge. » *Délices de la Hollande.* Amsterdam. 1685, page 146.

être l'unique montagne de Hollande. Ce dernier est rond et fort haut ; du sommet, on peut découvrir, par dessus la ville, les prairies avoisinantes, les dunes et la mer de Harlem. On y monte par des degrés, et tout autour comme par dedans, il y a des arbres fruitiers, qui rendent cet endroit très-agréable. Il a environ cent cinquante pas de tour.

En te rendant à Harlem, tu passeras par le bourg de Warmond, où se trouve un beau château appartenant aux frères Duvenvord. Nous avions fait connaissance de l'aîné, homme d'une amitié solide, à Bourges et à Angers, et nous allâmes le revoir dans son élégante demeure. Tu descendras à l'auberge de la *Toison d'Or*, à Harlem ; tu admireras, à Alkmaer, une remarquable église, dont l'époque de la fondation est indiquée par une ode alcaïque, gravée sur la muraille; tu traverseras ensuite Medenblick, et Enckhuysen, ce boulevard de la Hollande septentrionale. On construit beaucoup de navires dans ce dernier lieu, comme à Flessingue et à Horn.

Ne manque pas d'aller saluer le médecin Paludanus, qui te fera voir son cabinet de curiosités, rempli de raretés les plus précieuses.

Purmerend.

A quatre lieues de là se trouve la Frise, que je passe sous silence, ne l'ayant pas visitée. D'Enckhuysen, tu te rends à Horn, et de là en voiture à Purmerend (1), en traversant Bempster, qui était dernièrement un lac de sept lieues, et qui est maintenant une plaine très-fertile ; tu franchis le Waterland dans une nacelle qu'on conduit à la gaffe ; tu passes un bras de mer, et tu entres à Amsterdam, ville toute coupée de canaux et dont la dimension

(1) « On nous assure qu'en l'an 1430, il arriva une chose tout-à-fait extraordinaire dans ce pays : c'est que les filles d'Edam s'estant mises sur un petit bateau, pour aller à Purmerend, tirer le lait de leurs vaches, parce que la mer avoit inondé toutes les campagnes ensuite de la rupture des digues, ce qui arrivoit pour lors assez ordinairement, elles trouvèrent une nymphe ou femme marine à demi ensevelie dans la boue après l'écoulement des eaux, à qui elles rendirent des offices charitables, la nettoyant et la mettant dans leur barque; après quoy elles la menèrent à Edam, où on luy apprit à filer, à se nourrir à notre mode et à s'habiller à notre façon : il est vrai qu'elle ne perdit jamais l'inclination de s'en retourner dans son premier élément. Elle ne put jamais apprendre à parler, quoy qu'on la menast à Harlem, où elle vécut quelques années. Un certain autheur rapporte qu'on lui avoit imprimé quelque connaissance de Dieu, et qu'elle faisoit la révérence en passant devant un crucifix ! Histoire qui semble tenir du fabuleux de l'antiquité, et qui ne sera pas receuë de tout le monde. On prit aussi presque en mesme temps un homme marin au royaume de Norwège, lequel représentoit un évêque avec la crosse, la mitre et tous les ornements pontificaux. Il ne faisoit que soupirer et mourut bien-tôt après. » *Délices de la Hollande*, page 193.

augmente tous les ans. Visite la bourse, les deux maisons de correction, l'une pour les garçons, l'autre pour les filles. Tu verras dans l'une des églises l'épitaphe de Jacques de Hemskerk, amiral des Etats, qui mourut frappé d'un boulet de canon dans le détroit de Gibraltar, au moment même où il était vainqueur.

D'Amsterdam il faut revenir à Paris. Si ton dessein est de te rendre à Cologne, tu pourras traverser Utrecht, Rhenen, Arnheim, Nimègue, ainsi que le fort de Knodsenburg, situé au-delà du fleuve, Grave (de cette ville tu pourras aller à Bois-le-Duc et en revenir), Clève (on se rend de là en barque au fort de Schenk), Emmerick, Rées, Wesel, Dusseldorf, Neus, Cologne. Ensuite tu passes par Juliers, Aix-la-Chapelle, Maestricht, où il faut voir l'église et les trophées suspendus, ainsi que les carrières situées hors de la ville ; Liége, Hoya, Namur, Mons, Valenciennes, Cambray : toutes ces villes sont très grandes et très fortes.

De la dernière, tu gagneras Douai, Arras, Amiens, et de là Paris.

Péronne.

Péronne, qui est la première ville de France, pour celui qui vient directement de Cambray, est garantie du côté du sud par la Somme et par des marais, des trois autres côtés, par des travaux d'art. Il faut y visiter l'église de Notre-Dame, qui est d'une fort belle architecture et dont le chœur n'a son semblable dans aucune ville de Picardie. C'est à Péronne que Charles III fut retenu en captivité par Herbert, comte de Vermandois. On a remarqué que cette cité n'avait jamais été prise; Henri de Nassau fut obligé d'en lever le siége en 1556.

La seconde ville qu'on rencontre est Roye, moins forte que Péronne; la troisième est Senlis, qui possède un évêché. En 1589, il y eut un combat sous ses murs, entre les ligueurs, commandés par le duc d'Aumale, et les soldats royaux, commandés par Longueville et Lanoue. Rentré en France vers le milieu de juin, tu pourras visiter d'un seul coup l'élégant château d'Anet, Dreux, qui possède le titre de comté et est célèbre à cause d'un combat entre les ligueurs et Henri IV;

Chartres.

Enfin Chartres, que Mérula décrit ainsi: elle est située en partie sur une colline, remplie d'un grand nombre d'édifices, environnée de fortes murailles, ceinte de retranchements et de fossés, et fort riche. Au pied de la colline coule l'Eure, sur lequel on a établi un grand nombre de moulins. La cathédrale est dédiée à la Vierge; on montre dans la crypte un puits où l'on prétend que Quirinus, proconsul de la Gaule, fit précipiter un grand nombre de chrétiens. On conserve aussi dans cette église une chemise de la Vierge. La ville a huit portes, dont six sont ouvertes ; les guerres civiles ont fermé les autres. En 1567, Chartres soutint un siége terrible, attesté encore par des vers latins qu'on voit gravés sur la partie de rempart qu'avait abattue le canon des ennemis, et qui fut rétablie plus tard; voici en quels termes cette inscription est conçue : « Pendant que la nouvelle religion jette dans des luttes contraires les aveugles Français et que la guerre se plaît à troubler toutes choses, la ville de Chartres subit un siége acharné : le canon fait tonner les boulets contre ses murailles, que tu vois maintenant réparées ; grâce à Liguier, la ville reste saine et sauve ; l'ardeur d'un peuple fidèle suffit pour repousser une nombreuse troupe d'ennemis. Que nos fils et nos derniers neveux apprennent par cet exemple combien il est beau de combattre pour son roi, pour sa patrie, pour ses foyers. »

Le jour dans lequel Chartres fut délivré, est resté un jour de fête. La ville eut autrefois ses comtes, dont le dernier semble avoir été Théobald IV, mort sans enfants.

Tu dois être maintenant habitué aux voyages et aux fatigues. Je veux donc qu'après avoir pris un mois de répit, tu te mettes de nouveau en route vers le milieu de juillet, pour aller jouir ensuite d'un long repos dans ta patrie. Il faudra retourner à Lyon par la Bourgogne. Tu gagneras d'abord Troyes, ville de la Champagne supérieure, et ensuite Dijon, capitale du duché de Bourgogne.

Dijon.

Mérula la décrit ainsi : On dit communément qu'elle fut fondée par l'empereur Aurélien ; je crois seulement qu'il la restaura. Il n'est pas de ville en Bourgogne plus belle que celle-ci. Elle est située dans une plaine très-agréable, sur deux petites rivières, la Suzon et l'Ouche, qui baignent ses remparts ; l'une a coutume de tourmenter la ville par ses dangereux débordements ; l'autre, plus tranquille, fournit des truites excellentes. Les murailles sont garnies de tours et de bastions. Sous le monastère de Saint-Benoit, monastère qui fut fondé par Grégoire, évêque de Langres, on montre un vaste souterrain où se trouvent des grottes et des citernes, dans lequel saint Bénigne fut enchaîné, si l'on en croit la tradition. Il y a ici un tribunal et un parlement. Le magistrat qu'on choisit pour maire de cette ville, considère cette distinction, moins comme un honneur que comme une charge ; il vient prêter serment dans l'église de Notre-Dame, et jure qu'il sera fidèle au roi, mais qu'il défendra les droits, les libertés et les priviléges de la ville, même contre le monarque, si la nécessité l'exigeait. Grégoire de Tours raconte qu'un certain Hilaire, sénateur de Dijon, aimait sa femme d'un amour si ardent, que lorsqu'on descendit celle-ci dans le tombeau où il gisait depuis plusieurs années, il la saisit avidement.

D'excellents vins croissent sur les collines qui entourent la ville. Non loin d'elle on aperçoit deux hauteurs, sur l'une desquelles est le château de Talant, lieu extrêmement fort.

Franche-Comté.

Après avoir vu la Bourgogne, tu pourras visiter la Franche-Comté, qui vit sous le gouvernement d'un comte, libre de tributs et d'impôts. C'est un fief de l'Empire, placé sous la protection des Suisses de Berne. Elle est bornée au nord par la Lorraine et l'Alsace, au couchant par la Bourgogne, à l'est par la Suisse, au sud par la Savoie et le Bugey. C'est un pays d'un aspect très-varié et coupé de forêts, de vallons et de montagnes. On y élève une grande quantité de bétail ; il produit beaucoup de légumes, de blé, d'orge, d'avoine, de fèves, et surtout d'excellents vins, parmi lesquels celui de Gy est exporté en Allemagne, non à la vérité pour l'usage de tous, mais pour celui des princes. A Vadans et à Arbois, les tonneaux sont si grands, qu'on dirait des maisons. La contrée renferme plusieurs lacs considérables et curieux parmi lesquels il faut nommer le *Lac des Gouffres*, singulier jeu de la nature. Effectivement, il se forme sur ses eaux un limon qui durcit tellement, qu'il ressemble à de la terre ferme ; cependant ni les voitures ni les chevaux n'y peuvent marcher, mais seulement les piétons. Entre Nozeroy et Ripe-de-

Beauregard, il y a un autre lac qui, tous les sept ans, s'évanouit pendant quelques semaines, pour reparaître bientôt.

C'est ainsi que s'exprime Mérula, qui parle en termes élogieux de la ville de Dôle, où tu pourras te rendre en quittant Dijon.

Dôle.

Elle est située sur le Doubs, possède une université et un parlement, une belle place carrée, une magnifique église consacrée à la Vierge, une belle bibliothèque remplie d'excellents manuscrits, dans le collége de Saint-Jérôme.

Besançon.

Ensuite tu verras Besançon, ville impériale, déjà célèbre chez les anciens. Elle est très-bien fortifiée, et renferme une cathédrale dédiée à saint Etienne, où l'on conserve le suaire du Christ, qu'on promène solennellement le jour de l'Ascension et à la Fête-Dieu. On y remarque le portrait d'un moine sur le front duquel le peintre a représenté une mouche. Contre l'église de Saint-Jean, se trouve l'arc de triomphe de Tibère. Visite en outre le collége des Jésuites, l'hôtel-de-ville, avec une statue de Charles-Quint, le palais du comte de Canteroix. où l'on voit une statue de Jupiter rapportée de Rome ; le champ-de-mars ; l'aqueduc ; la roche percée par Jules César, lorsqu'il faisait la guerre contre les Helvétiens ; et enfin les débris de plusieurs statues antiques.

Beaune.

Revenant alors vers la Saône, tu la traverses, et tu vas saluer Beaune, célèbre à la fois par son excellent vin, par l'hospice que Nicolas Raulin y fit élever pour les pauvres et les malades, et par ses environs, où l'on voit Citeaux, monastère renommé, bâti en 1098, au milieu d'une vaste forêt.

Châlons-sur-Saône.

De Beaune tu vas à Châlons, ville située sur la rive droite de la Saône et très-commerçante. On ne sait qui la fonda ; mais c'était autrefois le grenier des Romains. De nombreuses ruines attestent son ancienne importance. On y voit une église consacrée à saint Georges ; lorsque Lothaire dévasta Châlons, il ne put rien contre cet édifice, quoiqu'il essayât tour à tour de le détruire par le fer et le feu.

Mâcon.

On descend de là à Tournus, puis à Mâcon, autrefois *Matiscona*. Philibert Bugnyon, poète et jurisconsulte, a écrit l'histoire de cette ville, dans laquelle il était né. Parmi les édifices sacrés, le plus beau était un couvent de dominicains, élevé par saint Louis ; ce monastère fut ravagé en 1562 et en 1567, ainsi que les autres édifices publics de la ville, par ceux qui prétendaient professer la religion réformée. C'est à Mâcon que les chrétiens commencèrent à célébrer pour la première fois la solennité du dimanche, comme nous l'apprend un édit de Gontran, roi d'Orléans, édit promulgué dans le synode tenu en ce lieu. Le peuple répète, d'après une vieille tradition, qu'un comte de Mâcon, nommé Guillaume, ayant traité indignement les moines de Cluny, fut enlevé un jour dans un festin par un inconnu.

Tu pourras maintenant passer à Lyon tout le temps que tu auras de reste.

Grenoble.

Tu reviendras de cette ville en Allemagne par la Savoie et la Suisse, en décrivant un circuit pour voir Grenoble, ville située à seize lieues, sur l'Isère, dans lequel se précipite avec violence un torrent appelé le Drac, qui désole la campagne par ses inondations subites. Cette cité est le siége du parlement du Dauphiné.

La Grande-Chartreuse.

On a coutume d'aller visiter d'ici *la Grande-Chartreuse*, située à quatre lieues dans des gorges sauvages ; *la fontaine qui brûle*, miracle de la nature, parce que du milieu de ses eaux s'échappent des flammes où tu peux cuire des œufs, comme j'en ai fait l'expérience moi-même ; *la tour sans venin*, dans l'intérieur de laquelle aucun animal venimeux ne pénètre sans mourir ; enfin le château du maréchal de Lesdiguières, gouverneur du Dauphiné.

A cinq lieues de Grenoble se trouve Barraux, fort construit en 1559 par le duc de Savoie, et pris l'année suivante par Lesdiguières. Une lieue plus loin, on rencontre Montmélian, dont le château est d'un difficile accès. On fait deux lieues encore, et on arrive à Chambéry, capitale du duché de Savoie.

SAVOIE.

Cette contrée, dont le nom n'a pu être expliqué d'une manière satisfaisante, est bornée au nord par la Franche-Comté et la Suisse, au levant par le Valais et le Piémont, au midi et au couchant par le Dauphiné. L'air y est pur, le sol montueux, mais cependant très fertile dans les vallées, surtout vers le nord, où il produit de bons vins. Cette province était habitée autrefois par les Allobroges. Depuis plus de cinq cents ans elle obéit à des ducs, qui furent d'abord comtes de Maurienne et augmentèrent successivement leur domaine, soit par des guerres heureuses, soit par héritage.

Chambéry.

Chambéry est une très-jolie ville, où se trouve le parlement de toute la province ; ce dernier est présidé aujourd'hui par le jurisconsulte

Antoine Lefèvre. Les ducs de Savoie y possèdent un château remarquable.

Genève.

Il faut se rendre de là à Genève, ville très ancienne ; c'était autrefois la dernière cité des Allobroges. Elle jouit maintenant du titre de comté et d'un évêché. C'est une place de guerre importante. Le Rhône la coupe en trois parties, *la Cité*, *Saint-Gervais* et *l'Ile*. Un pont de bois, sur lequel on a élevé des maisons, les fait communiquer entre elles. A l'extrémité orientale de la dernière, on voit une vieille tourelle qu'on prétend avoir été construite par César. L'église principale est dédiée à saint Pierre et fut autrefois un temple d'Apollon, si l'on s'en rapporte à quelques inscriptions. Sur la muraille extérieure on voit un aigle à deux têtes d'un très-ancien travail : on prétend qu'il signifie que Genève est depuis longtemps ville libre de l'Empire. Tu verras dans l'hôtel-de-ville une table contenant le traité conclu en 1556, entre les Genevois, les Bernois et les habitants de quelques autres cantons. Tu y remarqueras aussi un escalier construit de telle sorte qu'on y peut monter à cheval ; des urnes suspendues dans la grande salle ; et dans une chambre située au-dessous, les échelles dont les Savoyards se servirent lors du dernier assaut. L'arsenal, qui se trouve à côté, contient aussi beaucoup de trophées. En dehors d'une porte voisine, se trouve une place appelée la *Plate-Forme*, d'où l'on a une vue très-agréable. La ville possède aujourd'hui trois portes : 1° la porte Rive ; 2° la porte Neuve, 5° la porte Cornevin. Elle a quelques rues élégantes, surtout cette longue voie où l'on peut marcher à couvert sans avoir rien à craindre de la pluie. Le lac Léman qui baigne la ville, lui fournit ces fameuses truites dorées, qu'on conserve dans des viviers entourés de pieux. Un orfèvre, qui habite sur le pont, a fabriqué, avec des morceaux de métal et de petites pierres, un rocher artificiel surmonté d'une représentation de Genève. Tu admireras l'adresse de cet artisan, lorsque tu verras son travail. Visite aussi le collége et entre dans la bibliothèque, où l'on te montrera des bibles françaises dont la traduction remonte à plus de trois siècles. La ville est du reste fort commerçante, et l'industrie de la soie y fleurit plus que tout autre. La librairie n'y languit pas non plus. Genève t'offre tout ce qui est nécessaire pour les plaisirs de la table. On y trouve du vin excellent, des chapons très-gras qu'on exporte au loin, des végétaux en abondance. L'air y est sain, et un pré qui avoisine Genève, *le Plain-Palais*, fournit une promenade très-agréable.

Fort de l'Ecluse.

Quatre milles plus loin se trouve l'Ecluse, fort situé sur la rive droite du Rhône ; il faut s'y rendre pour voir l'abîme dans lequel le fleuve disparaît.

SUISSE.

A très peu de distance de cette ville commence la Suisse. Comme je n'ai pas pris l'engagement de la décrire en composant ce petit livre, je t'indiquerai seulement le chemin à suivre pour aller jusqu'au Rhin. Voici les lieux qu'il te faudra traverser: Versoix, village déplaisant, qui possédait autrefois un château ; Coppet, petite ville ; Nyon ; Rolle, bourg agréable avec un château ; Morges.

Lausanne.

Lausanne, une des plus grandes villes de la Suisse, célèbre par son évêché et parce que le concile de Bâle y fut transféré : tu y rendras visite à l'illustre chirurgien Fabricius, et tu admireras tous les instruments qu'il a inventés; Moudon ; Payerne, situé dans un lieu agréable. Ici il t'est permis de choisir entre deux routes différentes :

Fribourg.

1° Tu peux te rendre à Fribourg, l'une des villes suisses appelées *cantons*, et dont l'admirable position délectera tes yeux, après quoi tu iras à Berne, en traversant une belle forêt;

2° Tu peux passer par Wiffelsbourg, village situé sur l'emplacement de l'ancien *Aventicum*, dont on voit encore les belles ruines. De là tu te rends à Morat, où Charles-le-Téméraire fut vaincu par les Suisses. Dans une petite chapelle qui renferme les os des morts, on a placé une inscription destinée à rappeler la victoire des confédérés.

Après avoir passé Arberg, tu entres à Berne. De ces deux chemins, je choisirais le second, et j'irais à Fribourg de Berne même.

Berne.

Cette dernière ville, bâtie sur le penchant d'une colline, est baignée par l'Aar, qui l'entoure presque entièrement. Il faudra y voir la principale église avec ses trophées suspendus, sa cloche, ses portes, où se trouve un bas-relief représentant le jugement dernier. En visitant l'hôtel-de-ville et la chancellerie, tu auras occasion de contempler une tour qui te fera connaître comment Berne a été bâtie et l'étymologie de son nom. De Berne, tu iras au couvent de Fraubrunnen, célèbre par un combat livré dans le voisinage.

Soleure.

Ensuite tu rencontreras Soleure, en latin *Solodurum*, qui tire son nom, à ce qu'on prétend, de la dureté de son sol. Cette ville est très-ancienne. Elle est mal bâtie ; mais on y remarque une église élégante, où l'on voit un monument consacré à la famille Hotman, originaire de Silésie, et qui a donné d'habiles jurisconsultes à la France. Lis, dans cette même église, des vers écrits des deux côtés de l'autel. Une très-vieille tour porte ce distique latin: « Parmi les Celtes, il n'y a rien de plus ancien que Soleure, excepté la seule ville de Trèves, dont on m'appelle la sœur. » Ce distique est accompagné de quelques vers allemands.

L'ambassadeur du roi de France auprès des Suisses, réside dans cette ville, dont les principaux habitants sont adonnés à la guerre et s'y sont fait un nom. A sept grands milles allemands se trouve Bâle, où tu revois le Rhin, que nous avons quitté ensemble lorsque tu es parti de Strasbourg en me prenant pour guide.

FIN.

N. B. On me permettra, en terminant cette traduction du voyage de Jodocus Sincerus, d'adresser mes remerciments à M. Péricaud aîné, ex-bibliothécaire de la ville de Lyon, pour l'obligeance avec laquelle il a bien voulu revoir une partie des épreuves. Il était, mieux que personne, en état de réviser le *Voyage dans la vieille France,* puisqu'il a publié de longues et curieuses recherches sur l'histoire de Lyon, où Jodocus Sincerus passa deux ans en qualité de prote, à ce qu'on croit du moins. Malheureusement, le texte entier de ma version n'a pu passer sous les yeux de M. Péricaud, et je relèverai ici trois erreurs qui m'avaient échappé. A la page 22, ligne 19, il faut lire : « *Lorsqu'au bout de deux ans de séjour à Lyon, je retrouvai....* » ; à la page 90, ligne 21, il faut lire *jardin*, au lieu de *vivier*; à la page 188, ligne 5 de la note, il faut lire: *s'aviéou... sayéou....* »

J'ajoute que l'historiographe de France mentionné dans ma préface est G. Duverdier, mort en 1686. Quant aux différences qui pourraient se rencontrer entre mon texte et celui du voyageur allemand, on voudra bien, avant de me les imputer à mal, consulter la *Cosmographie* de Mérula, d'où j'ai tiré un grand nombre de détails. Ainsi, ce n'est pas Jodocus Sincerus, c'est Mérula qui rapporte, avec sa brièveté caractéristique, qu'en visitant les oubliettes du château de Loches, on y trouva le squelette d'un homme, assis sur une pierre, et tenant sa tête dans ses mains.

TABLE ALPHABÉTIQUE.

Abbeville	320	Arberg.	349
Accouchements mi-raculeux.	272, 333	Arc d'Orange.	236
		Id. de Saintes.	146
Adelin.	318	Ardoisières.	128
Affluence des étrangers à Saumur.	117	Arènes de Nîmes.	198
		Id. d'Arles.	209
Id. à Poitiers.	154	Id. de Poitiers.	152
Id. à Orléans.	62	Arles.	205
Agen.	172	Armuyden.	324
Aigues-Mortes.	195	Auby (St-)	39
Aiguillon.	171	Aunis.	132
Ainay.	86	Autun.	270
Aisnay.	256	Auvergne.	93
Aix.	222	Auxerre.	271
Alkermès.	192	Avignon.	229
Alkmaer.	335	Bacmann (le docteur)	234
Amand-Montrond(St-)	86	Bar-le-duc.	39
Amboise.	107	Barbe (l'île).	257
Amiens.	321	Barraux.	345
Amphithéâtre d'Arles.	205	Bastie (la).	250
		Beaucaire.	202
Id. de Doué.	120	Beauce.	59
Id. de Nîmes.	198	Beaugency.	100
Id. de Périgueux.	166	Beaulieu.	115
Id. de Poitiers.	152	Beaune.	343
Id. de Saintes.	146	Bedfort.	318
Ampoule (Ste-) de Marmoutiers.	114	Bellac.	161
		Belgique.	323
Id. de Reims.	48	Bempster.	336
Amsterdam.	337	Berceau de St-Hilaire.	152
Ancenis.	129	Berg-op-Zoom.	331
Anet.	338	Berne.	349
Angers.	123	Berry (le)	72
Angleterre(Voyage en)	307	Besançon.	342
Angoulême.	159	Béziers.	189
Anjou.	122	Bibliothèque d'Orléans.	63
Anvers.	330		
Aqueduc de Jouy.	44	Id. de Paris.	289

Billard de Courgenay.	91	Capots.	228
Blamont.	32	Caractère des Hollandais.	325
Blanc-en-Berry.	85	Id. des Normands.	4, 304
Blaye.	141	Id. des Rochellois.	135
Blois.	101	Carcassonne.	184
Bœufs de la Camargue.	212	Carbonnière (la).	195
		Castelnaudary.	184
Boibelle.	82	Castel-Sarrazin.	171
Bois d'Irlande (propriété du).	308	Catellan (Laurent).	192
		Cave des Bourguignons.	196
Bois de trahison (le)	293		
Bollène.	244	Cave gouttière (la).	115
Bonnivet.	155	Centre de la France.	76
Bordeaux.	139	Cerf-cheval.	332
Boulogne-sur-Mer.	319	Cette.	194
Bourbon-l'Archambault.	87	Châlons-sur-Marne.	40
		Châlons-sur-Saône.	343
Bourbonnais.	88	Chambéry.	345
Bourg-de-Péage.	248	Chambord.	100
Bourg-sur-Gironde.	141	Champagne.	46
Bourges.	73	Champbonnet.	89
Bréda.	332	Champigny.	156
Brézé.	118	Champs catalauniens.	40
Brissac.	128	Chanteloup (parc de)	52
Bretagne.	129	Charenton.	278
Brotteaux (les).	264	Chariots à voiles.	333
Brouage.	136	Charité-sur-Loire.	98
Bruges.	326	Charlemagne (traditions sur).	143
Bruxelles.	327		
Buzy.	106	Charles de Lorraine (symbole de).	33
Cabinets de curiosités,	96, 112, 153, 211, 224.		
		Charles-le-Téméraire (tombeau de).	37
Caen.	306		
Cage de fer.	80	Charles-Quint (son mot sur Orléans).	66
Cahors.	173		
Calais.	319	Chartres.	338
Camargue.	206	Chateaudun.	170
Cambridge.	318	Châteauneuf.	70, 244
Canons allemands.	123	Château-Renard.	224
Cantorbéry.	309	Châteauroux.	84
		Chatellerault.	155

Chaumont.	107	Dôle.	342
Chauvigny.	85	Dordrecht.	332
Chemise de la Vierge	338	Doué.	120
Chenonceau.	108	Douvres.	308
Chien de Montargis.	70	Dreux.	338
Chiens de Juste-Lipse	329	Dunkerque.	323
Chinon.	116	Duarenus, jurisconsulte.	78
Citeaux.	343	Echo singulier.	278
Clermont en Auvergne.	93	Ecluse (fort de l').	347
Cloud (St-).	295	Ecluse (l').	323
Cluseau (le).	165	Eisenberg (Pierre).	259
Cœur d'Henri IV.	118	Enckhuysen.	335
Id. du Dauphin François.	249	Epée nue pendant la messe.	306
Id. de Henry III.	295	Epitaphe d'un cheval.	328
Id. d'Anne de Montmorency.	292	Erasme (statue d').	332
		Escaliers curieux.	101, 346
Comtat venaissin.	227	Etain.	45
Conflans.	98, 278	Etampes.	58
Confréries lyonnaises.	267	Etienne (St-).	93
		Etudiants d'Orléans.	62
Corbeil.	278	Id. d'Oxford.	317
Cordier (Monsieur).	91	Exécution des criminels en Angleterre.	307
Coutellerie de Limoges.	163	Excursion en Espagne.	170
Id. de Chatellerault.	156		
Id. de Montauban.	173	Fabrication du sel.	136
Id. de Moulins.	90	Fabricius (le docteur).	348
Crau (la).	215	Fargue (la).	164
Criminels (usage envers les).	284	Femmes de Sancerre	99
		Fête-Dieu à Angers.	157
Cujas (tombeau de).	78	Flèche (la)	118
Dauphiné.	244	Flessingue.	324
Décize.	97	Fleury.	300
Delft.	332	Florent (Abbaye de St-).	117
Denis (St-).	295		
Dieppe	307	Fontainebleau.	273
Dié (St-).	100	Fosse de St-Pierre.	155
Dijon.	344	Fourvières.	252
Dimanche (première célébration du).	344	Française (langue) en Belgique.	26

Id. à Orléans.	60	Guillotière (la).	266
Id. à Bourges.	77	Hamptoncourt.	316
Id. dans le Midi.	27	Harlem.	335
Id. en Touraine.	102	Hâvre (le).	306
Franche-Comté.	341	Haye (la.	333
François 1er (mot de).	66	Henrichemont.	82
Fraubrunnen	349	Hollande (Voyage en)	332
Fribourg.	348	Horloges merveilleuses	110
Fronsac.	169	258.	
Frontignan.	194	Huitres de Médoc.	142
Gaillon.	299	If (château d').	219
Gand.	326	Ifs taillés.	52
Gavots.	227	Inscription énigmati-	
Géant à Loches.	115	que.	160
Id. à Moulins.	89	Insolence des éco-	
Genève.	346	liers d'Oxford.	317
Genis (St-).	269	Interprètes à Lon-	
Geoffroy à la grand'-		dres (les).	315
dent (tombeau de).	152	Issoudun.	84
Germain-en-Laye (St-)	293	Istagèle.	196
Gertruydenberg.	322	Jardin du roi Réné.	127
Gibet en Angleterre.	314	Jean d'Angély (St).	147
Gien.	99	Jeux floraux.	181
Gilles (St-).	196	Jouy.	44
Giphanius (Hubert).	63	Juriconsultes célè-	
Gouffre du Rhône.	347	bres. 62, 78, 81,	192
Grande-Chartreuse (la)	344	Kingston.	316
Grave (vin de).	149	Lac des gouffres (le).	341
Graveline.	323	Lacs merveilleux. 93,	106
Gravesend.	310	Languedoc.	174
Grenoble.	344	Lausanne.	348
Greenwich.	319	Leconte (Antoine).	78
Grimaudière (la).	158	Léger - les - Melles	
Grizolle.	171	(St-).	147
Grehan.	127	Leyde.	334
Grosse tour (la) à		Lezignan.	185
Bourges.	99	Libourne.	168
Grotte à stalactites.	165	Lillo.	331
Grotte sèche (la) à		Limoges.	163
St-Germain.	295	Limousin.	161
Guêpes d'Orléans		Livron.	244
(surnom).	61	Loches.	115

Londres.	310	Meaux.	49
Loriol.	244	Méchelen.	330
Lorraine.	33	Medenblick.	335
Lorris.	70	Mehun.	83
Losdun.	333	Melun.	277
Loudun.	119	Metz.	42
Louvain.	329	Michel-Ange (tableau de).	187
Louviers.	300		
Lunel.	195	Middelbourg.	324
Lusignan.	148	Miracles.	58, 64
Lussault (Monsieur).	154	Mirebeau.	158
Lunéville.	32	Miramont.	165
Lyon.	250	Miroir magique.	315
Mabreaux (frères).	163	Moissac.	172
Macaire (St-).	171	Monceaux.	41, 50
Mâcon.	343	Moncontour.	158
Madrid (près Paris).	101	Montaigu.	132
Maestricht.	337	Montansier.	168
Magistère (la).	171	Montargis.	69
Magny.	300	Montauban.	173
Maguelonne.	194	Montélimart.	244
Maison-carrée (la).	109	Montereau.	272
Maison de Jacques-Cœur.	30	Montjean.	129
		Mont-Louis.	109
Id. de Juste-Lipse.	329	Mont-Majour (abbaye de).	208
Id. de Ponce-Pilate.	249		
Id. de Scaliger.	172	Montmélian.	345
Maisons souterraines.	109	Montpellier.	190
Malauze	171	Montpont.	168
Manumission (formule de)	64	Montreuil-sur-Mer.	320
		Morat.	348
Marche limousine.	162	Mornac.	137
Marcheville.	38	Mornas.	244
Marmande.	117	Mortain.	306
Marmoutiers.	114	Moulins.	88
Marsac.	165	Mours.	185
Marseille.	217	Moutons du Berry (surnom).	73
Martin (St-).	215		
Mas (le).	224	Mucidan.	168
Massillargues.	195	Muscat de Frontignan.	175
Maubas, professeur de français.	103	Nançay.	72
		Nancy.	36

Nantes.	131	Payerne.	348
Narbonne.	185	Pays entre deux mers	
Nérac.	170	(le).	169
Néson.	164	Pennes (les).	216
Nevers.	94	Périgord.	164
Nicolas (St-).	32	Périgueux.	166
Nieuport.	323	Péronne.	337
Nîmes.	196	Perpignan.	187
Nirmas.	216	Perrières d'Angers	
Nivernais.	94	(les).	128
Normandie.	300	Petite-Hollande (la).	137
Notre-Dame-de-la-		Petit-Niort.	144
Garde.	220	Peyrat (Monsieur du)	119
Oléron (île d').	136	Pézenas.	190
Olivet.	71	Phalsbourg.	31
Orange.	235	Picardie.	320
Orchaize.	105	Picquigny.	321
Oreiller de Jacob (l')	312	Pierre-Encise.	260
Orgon.	224	Pierrelatte.	344
Orléans.	59	Pierre-levée (la).	153
Ostende.	323	Pignon, soldat d'A-	
Oxford.	317	lexandre-le-Grand	332
Pacio (Jules), juris-		Pilate (tradition sur)	249
consulte.	193	Pipet.	250
Paillassons (usage		Pistorius (chrétien).	197
des).	66	Plassac.	144
Pain retourné.	38	Plessis.	114
Pain safrané.	120	Point d'or point d'ar-	
Palais des papes.	233	gent (proverbe).	32
Palisse (Monsieur de		Poissy.	299
la).	92	Poitiers.	149
Paludanus (le doc-		Poitou.	148
teur).	335	Pons.	144
Paris.	51, 279	Pont à bascule.	90
Passelourdin (le).	153	Pont construit par le	
Pastel (commerce du)	175	diable.	44
Patois du Languedoc	175	Pont-à-Mousson.	41
Id. du Limousin.	162	Pont-de-Cé.	121
Id. du Périgord.	167	Pont-de-l'Arche.	300
Id. du Poitou.	148	Pont du Gard.	201
Pau.	170	Pontereau.	59
Paulmy.	115	Pontoise.	300

Pont St-Bénézet.	230	Id. de Paris.	283
Pont St-Esprit.	243	Saintes.	145
Port Ste-Marie.	171	Saintonge.	145
Portrait de jurisconsultes célèbres.	81	Salon.	224
		Saline de Peccais.	196
Id. de Roger Bacon.	75	Sancerre.	98
Id. du roi Réné.	125	Saumur.	116
Id. d'un géant.	89, 246	Saverne.	31
Préface du traducteur	1	Savigny.	161
Préface de l'auteur latin	15	Savin (St-).	85
		Savoie.	345
Priviléges de La Rochelle.	133	Scaliger (maison de).	172
		Schevelinges,	333
Provence.	204	Sedan.	45
Proverbes populaires	32,	Senlis.	338
163, 236.		Sens.	272
Puech d'Usselou.	173	Sinot.	161
Purmerend.	335	Sirène.	336
Putéanus (Erycius).	329	Sittingburn.	309
Quarante.	188	Soleure.	349
Quercy.	173	Sologne.	71
Rapacité des voituriers.		Squelette artificiel.	36
Ratoneau.	220	Statue de Jeanne-d'Arc	68
Ré (île de).	136	Id. d'Erasme.	332
Réole (la).	171	Stég.	31
Reims.	48	Suisse (Voyage en).	348
Richmond.	313	Tables précieuses.	36, 294
Riom.	93	300.	
Roanne.	94	Taillebourg.	136
Rochefort.	129	Tain.	247
Rochelle (La).	133	Talant.	341
Roi d'Yvetot (le).	301	Tarascon.	202
Romain (St-) vainqueur d'un serpent.	304	Temple (le).	161
		Terre sigillée.	102
Roquette (la).	210	Thiébaults.	318
Rotterdam.	332	Thiviers.	164
Rouen.	302	Thouars.	120
Royan.	137	Tombeaux à Paris.	288
Roye.	338	Id. à St-Denis.	296
Ste-Chapelle de Bourbon l'Archambault.	87	Id. à Bourges.	78
		Tombeau d'Anna Wiclandin.	31
Id. de Bourges.	78		

Id. de Charles-le-Téméraire.	37	Valence.	246
Id. de Cujas.	78	Valle De La), cosmographe royal.	92
Id. de François II.	131	Varsay.	160
Id. de la Châtre.	77	Vaucluse.	235
Id. de Laure.	233	Veere.	324
Id. de Louis de Gonzague.	95	Vendôme.	106
		Verger (le).	128
Id. de Nothaft de Homberg.	231	Vers français-latins.	50
		Id. Léonins.	95
Id. de Nostradamus.	224	Versoix.	348
Id. du Prince Noir.	309	Vienne.	248
Id. du roi Réné.	125	Ville engloutie.	138
Id. de Roland.	142, 207	Villefranche.	183
Id. de Ronsard	114	Villeneuve-les-Avignon.	235
Id. de St-Martin.	111		
Id. des deux Amans.	263	Villepinte.	184
Tonneins.	171	Vins de l'Anjou.	122
Toul.	39	Id. du Berry.	76
Toulon.	222	Id. de Bordeaux.	140
Toulouse.	176	Id. de Bourgogne.	343
Tour de beurre (la).	303	Id. du Dauphiné.	244
Id. de Constance.	195	Id. de la Franche-Comté.	341
Id. de Cordouan.	137		
Id. Héracly.	84	Id. du Languedoc.	175
Id. de Londres.	313	Id. du Limousin.	162
Tour-Magne (la).	197	Id. du Lyonnais.	253
Tour-sans-Venin (la)	345	Id. de l'Orléanais.	60
Tournon.	247	Id. de la Provence.	204
Tournus.	343	Id. du Quercy.	173
Tours.	109	Voitures à Paris.	51
Touvre (fontaine de).	160	Id. en Hollande.	325
Traditions sur Charlemagne.	145	Walcheren (île de).	324
		Warmond.	335
Troyes.	339	Westminster.	311
Tubéry (St-).	189	Whitehall.	312
Tulle.	162	Wiffelsbourg.	348
Universités célèbres	62, 81, 177, 192, 291, 329.	Windsor.	316
		Woodstock.	317
Uzerche.	162	Yvetot.	301

Roanne. — Imprimerie Ferlay

www.ingramcontent.com/pod-product-compliance
Lightning Source LLC
Chambersburg PA
CBHW070449170426
43201CB00010B/1266